U0358858

植物的魔法旅行

从种子到森林 ②

〔韩〕权五吉 著 〔韩〕黄京泽 绘

窦全霞 译

中国出版集团 东方出版中心

作者寄语

有些人认为科学和我们的日常生活没有关系，认为两者似乎是两码事。并且认为学习科学知识是很难的、呆板枯燥的。因此，我为了拉近人们与科学的距离，长期从事科普书的写作，推广科学生活化，生活科学化。我主要在生物学的专业领域为成人和青少年写读起来简单易懂的文章，也出版了几本儿童科普书。我希望出版更多更加有趣的、让孩子们和科学能够更容易亲近的儿童科普书。特别是，我觉得把科普书的基础知识更加简单、更加贴切地告诉孩子们这一工作非常有必要。希望通过读书，让学习科学这件事可以变得更加简单、快乐。

经过对教科书的长期研究分析，在苦恼地思考了很久该如何降低教科书和科学主题的难度之后，我写了这本书，让许多科学知识能够更加容易和有趣地学习，并且符合教

科书内容。

希望这本书不再让科学显得如此遥远，可以带领孩子们走向身边的科学、生活中的科学、简单易懂的科学。

《植物的魔法旅行》讲述的是关于我们日常生活中可以看到的植物的故事。不仅描述了叶、茎、根、花、种子和果实的形态、作用，还对植物从种子发芽到汇聚成森林的一生，进行了有条不紊的细致说明。

无论是什么事物，当人们了解它之后，会觉得它看起来更加有魅力、更加惹人喜爱呢。等看完这本书之后，期待大家对周围的植物能产生更多的兴趣，并试着在周围去找一下这些植物吧。

江原大学名誉教授　权五吉

本书的构成

目录

如果好奇是否有教科书中的内容，就请打开目录看一看吧！

本书整理了从一年级到六年级教科书中大家需要掌握的知识内容，并根据相关主题划分各章节，以便大家能很快找到想要了解的内容。当大家在阅读教科书的过程中出现疑问时，可以打开目录翻到自己想要查看的那一页。

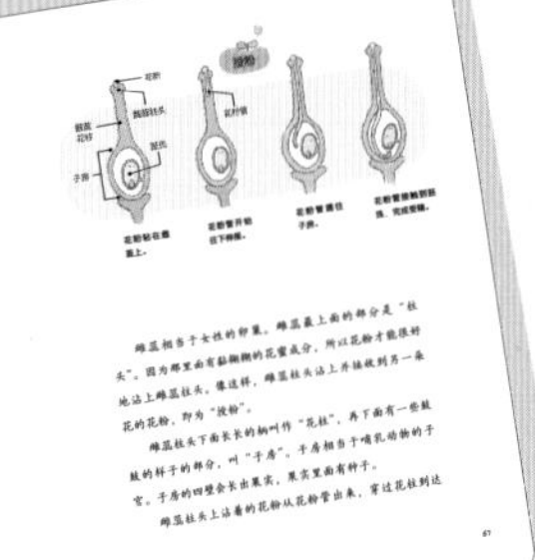

正文

在进行趣味阅读的同时，自然而然地学习到一个个植物知识！

生物学博士用生动的文字讲解枯燥的科学知识。在顺畅、有趣地阅读的同时，可以全方位、系统地理解和学习科普书中出现的部分生物科学知识。

自然地衔接中学课程！

中学的科学课程学习与以活动为主的小学科学课程学习不同。随着概念说明的增加，中学科学课程学习会变得越来越难。而本书牢牢地抓住了概念说明和知识体系，能够帮助各位小读者很自然地适应中学科学课程的学习。

信息
附录
更丰富的科学信息和更广泛的科学知识！
正文中包含了需要更加深入、广泛了解的内容。细致的图画是很好的学习资料，有深度的内容会成为优秀的科学引导。
一览无余的图片资料！
通过这些一览无余的如同海报一样的图画、图表等附录内容，可以更好地增强学习效果。通过图片，大家还可以把阅读过的内容再回顾整理一遍呢。

目录

第2卷

这些都是茎的工作：必需的养分和水从这里经过；有时储存养分，变成刺或藤；笔直地站着，天气冷的时候还能起到外套的作用。

转着圈圈往上伸展，茎的形态和它的工作

一半红色一半蓝色，让我们看一看维管束

因为植物的种类是多种多样的，所以每种植物的茎的形态、长度、软硬都不一样。让我们按照几种不同的标准来比较一下植物的茎吧。

植物的茎有柔软的，也有非常坚硬的。柔软的是草茎，坚硬的叫树干。有草茎的植物是草，有树干的植物叫树木，植物学的叫法分别是草本植物和木本植物。草大部分是从种子到发芽只活一年的一年生植物，树木是会活很多年的多年生植物。前面我们在对单子叶植物和双子叶植物进行比较时，对此内容已经有过介绍。

不论是草的茎还是树木的茎都有坚硬的表皮，也就是说它们带有表皮。竹子有光滑的皮，银杏树、松树、桦树和枣树的皮都有粗糙的特点。表皮的粗糙程度，是会根据植物的不同，而有一些区别的。

表皮内有一层厚厚的东西叫作“皮层”，那里面的东西叫作“维管束”。

赤松、红松、桦树等的表皮都特别厚。就像我们在冬

天会穿上厚厚的外套，它们也会穿上一身衣服。这样，当天气变冷的时候，树木的表皮就会起到外套的作用，夏天可以阻挡热气。而且虫子们也就没有办法随心所欲地钻进树木里了。

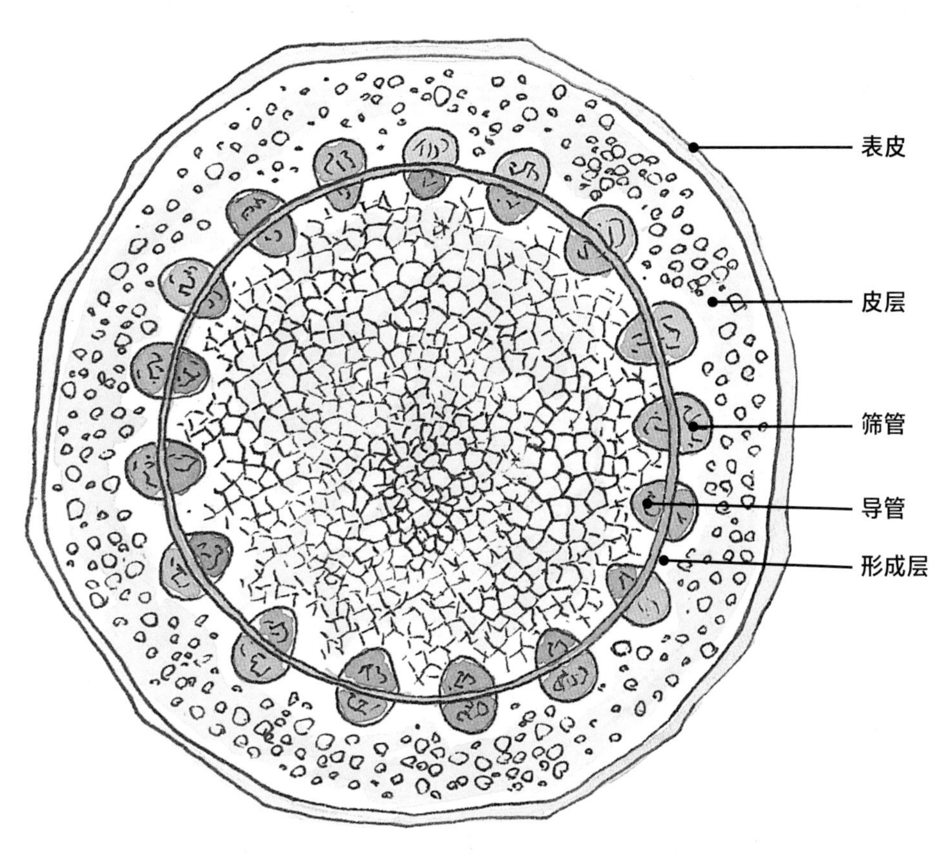

双子叶植物的维管束

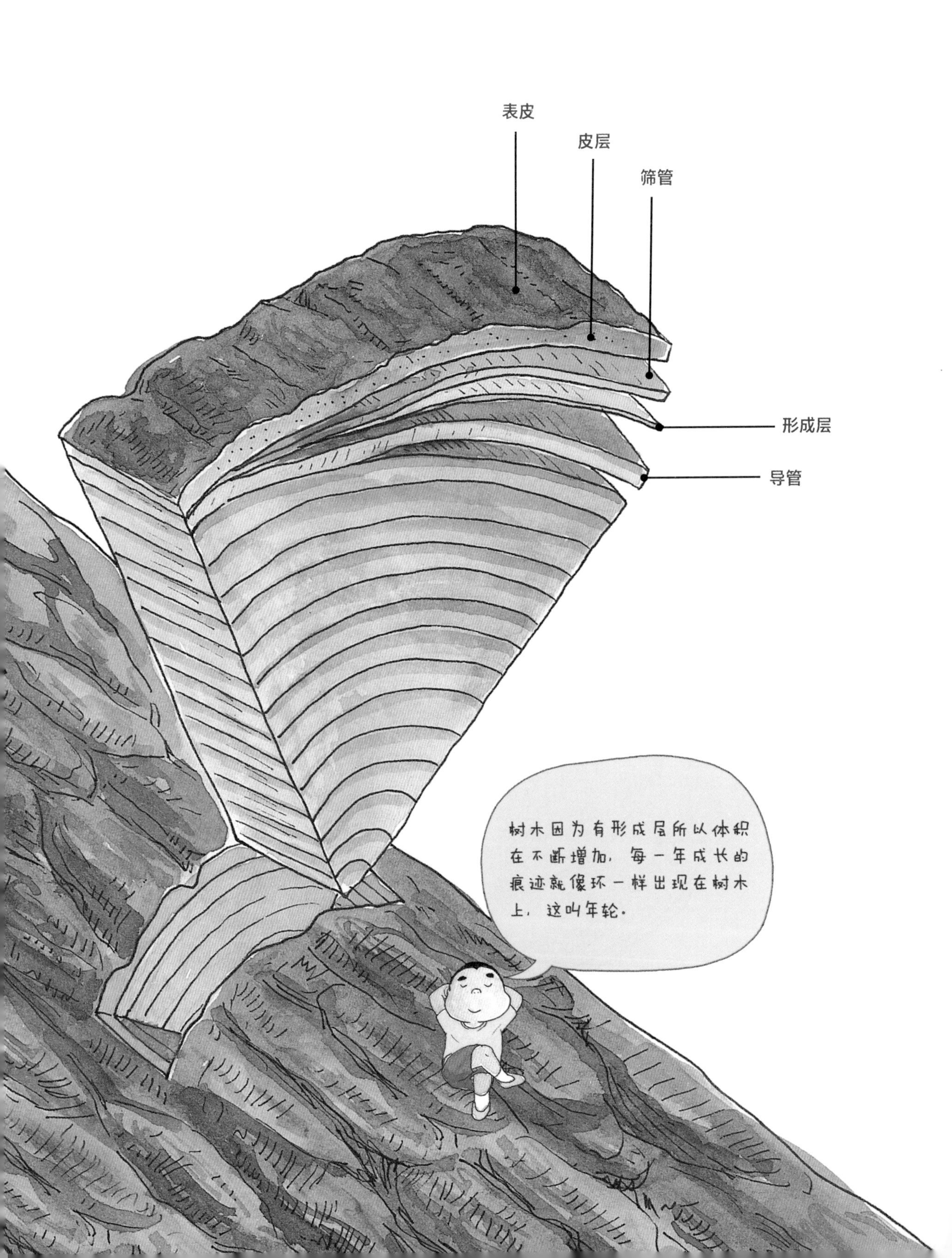
表皮
皮层
筛管
形成层
导管
树木因为有形成层所以体积在不断增加，每一年成长的痕迹就像环一样出现在树木上，这叫年轮。

把导管、筛管捆在一起叫作维管束。导管是把从根部吸进去的水运到叶子或茎的管，筛管是从叶子把制造的养分运给茎或根的管。

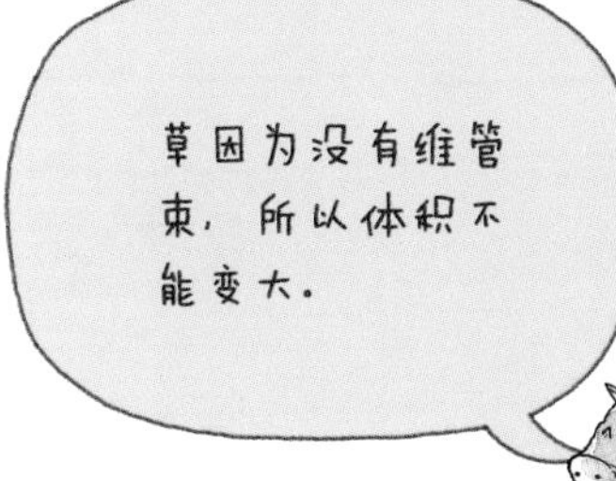

植物的种类不同，维管束的形状也不一样。和百合一样的单子叶植物的维管束在整个茎上均匀伸展，但和玫瑰一样的双子叶植物的维管束却是挨着茎的外侧环绕分布。

单子叶植物的导管和筛管之间没有形成层。只有有了形成层，植物的体积才会增加。也就是说，这样植物才能变粗。

因为双子叶植物的形成层在导管和筛管之间，所以茎的体积每年都可以增加、变粗，而单子叶植物没有形成层，体积没有办法增加、变粗。

接下来，我们通过实验，来仔细观察一下水顺着维管束向上走的过程吧！

水通过维管束移动

1 把红色和蓝色食用色素分别混合在水中。

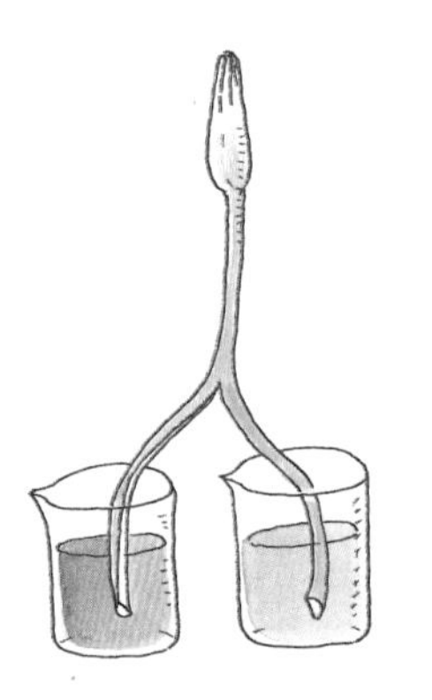

2 将白色百合花茎的下面部分20 cm左右剪成两半。接下来，将分成两部分的茎分别浸入两个盛有色素的杯子里。

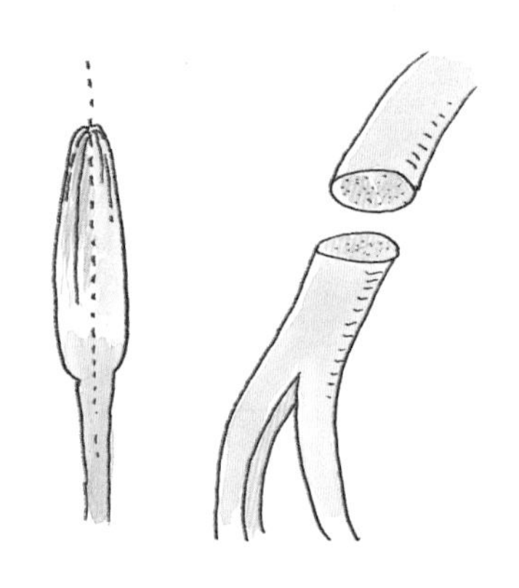

过一段时间后，可以看到百合花的一半被染成了红色，一半被染成了蓝色。红色色素杯子的一边是红色的，蓝色色素杯子的一边是蓝色的。所以我们就可以知道，杯子里的水通过茎往上走了。

用小刀把茎横向、纵向切开来看。横向切开的面可以看见一半被染成红色，一半被染成蓝色。仔细观察可以看见，有浓浓的颜色在茎上分布着。这些被染上色的就是维管束。因此我们可以确定水通过植物的维管束向上走。

把茎纵向切开看也可以知道，一半被染成了红色，一半染成了蓝色。不用百合，用康乃馨或者玫瑰花等植物做实验，也可以得到一样的结果。

因此，在植物的茎运输水的时候，水是从茎里面小小的毛细管中上升的。这个管就叫作导管。

没有年轮的树

在体积会变大的树上，每一年像环一样出现的成长痕迹叫作年轮。数一数年轮的个数就可以知道这棵树的年纪。

仔细观察被锯开的树木，就可以知道年轮一圈颜色很淡而且厚，另一圈颜色很深而且窄。把这两个合并起来才是一年的年轮。宽的年轮是树在天气温暖的春天和夏天长出来的，窄的年轮主要是在秋天长出来的。比起春天和夏天，秋天长出来的年轮质地更加坚硬。

那么在气候变化不明显的热带地区，还能看见植物的年轮吗？热带地区始终很热，它的春天、夏天、秋天和冬天几乎没有区别。因此植物茎的体积即使增长，也会因为季节没有太大差异而不产生年轮。

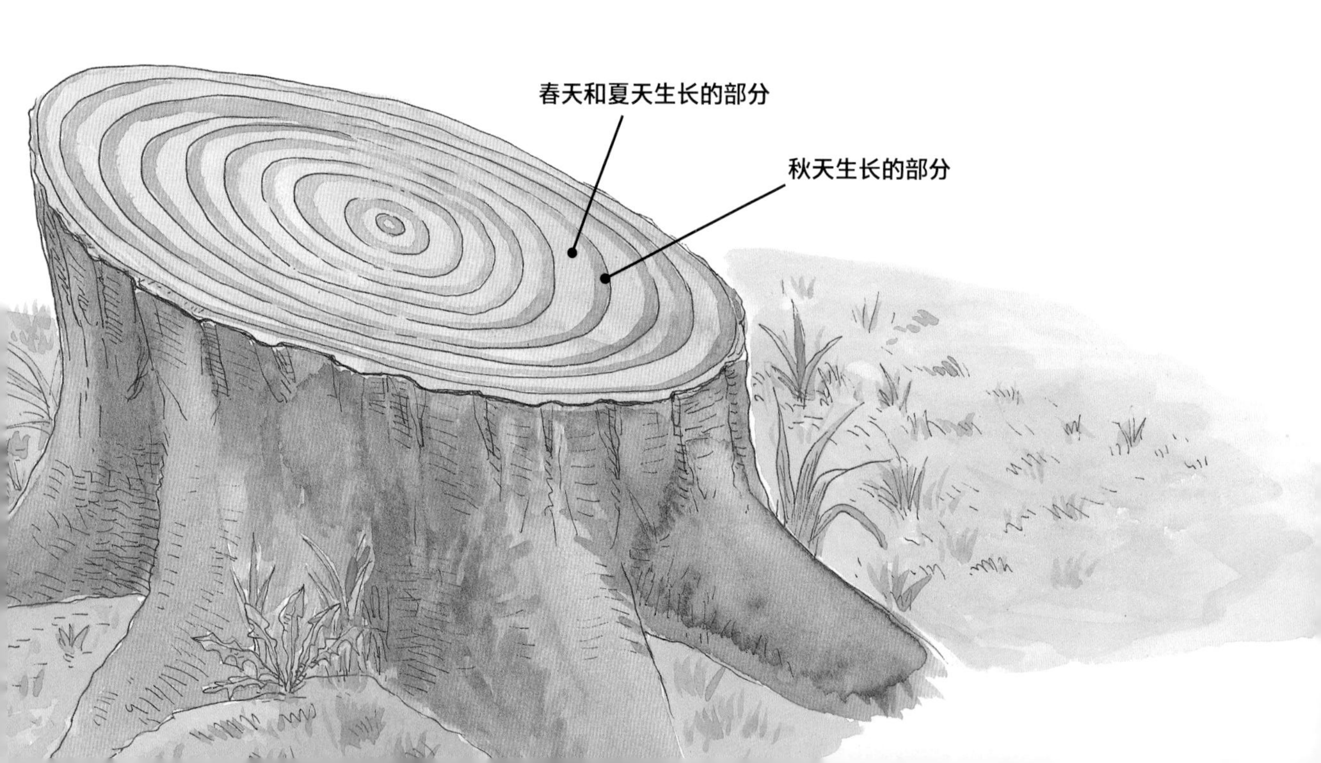

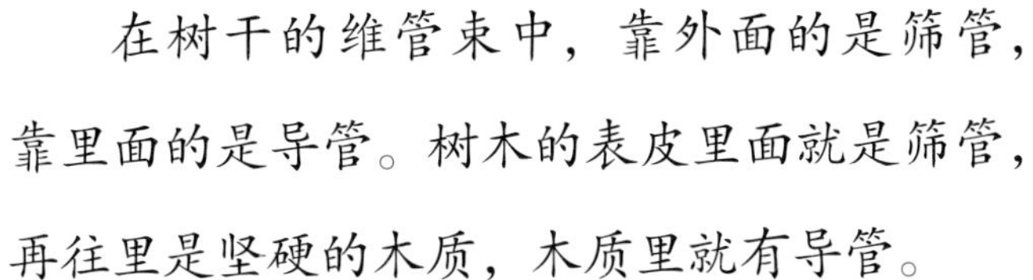

在树干的维管束中，靠外面的是筛管，靠里面的是导管。树木的表皮里面就是筛管，再往里是坚硬的木质，木质里就有导管。

如果将一棵树的一部分茎用镰刀剥掉，会发生什么样的事呢？

树的表皮被剥落，筛管也会随之受到伤害并消失。但是导管在里面不会受伤，依然完好无损，所以水还是能够不受任何影响地从根部送上去。

但是因为没有筛管，叶子制造的养分没有了往下到达树根的路，所以不论浇多少水，那棵树也活不下去。于是树根由于缺少养分而饿得枯萎死亡。

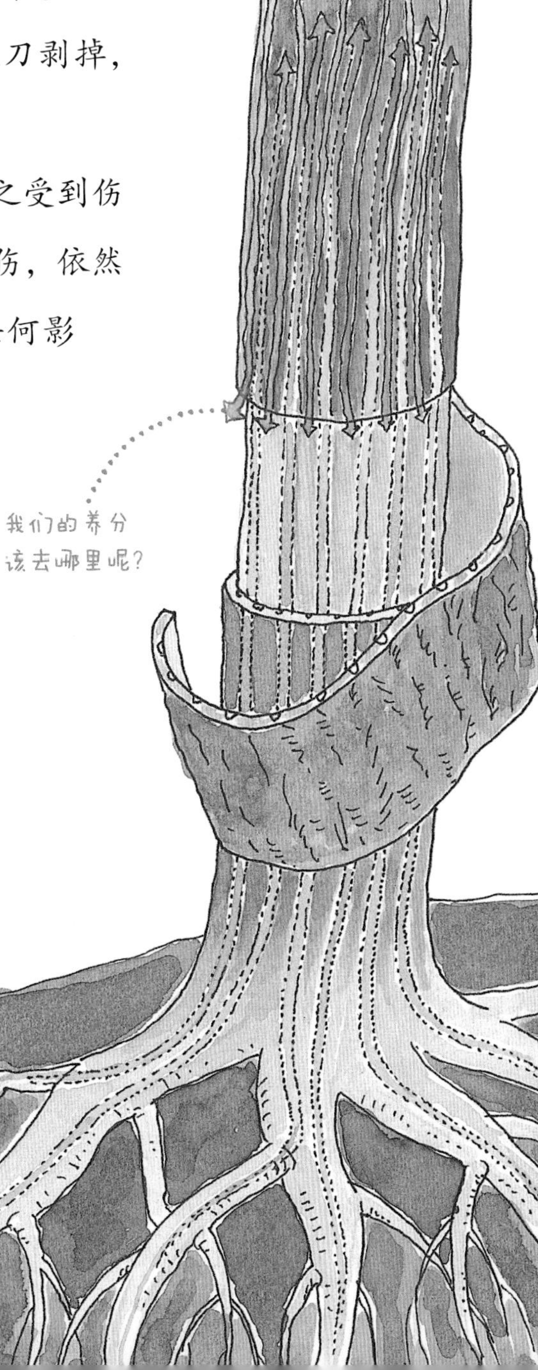

绕到天边去

茎要做的最重要的事就是让植物的身子笔直地站着，让它比其他植物的个子更高。因为即使只比其他的植物高一点点，也能接受到更多的阳光。

把三棵树种得很近，观察它们生长的样子，就会发现很有趣的现象。

中间的树受到的光照少，长得又直又高。但是两边的树因为没有阻碍，受到光照的面积大，在边上长得一般，个子有点矮。所以说树木要集中在一起种才能笔直地生长。集中种植的话，因为阳光不足，树木会为了多得到一点阳光，向着天空笔直地生长。

和单独种的一棵树的情况进行比较，看起来就更明显了。集中种的树和单独种的一棵树，哪一边会长成正常的本来样子呢？当然是单独种的树是原来的样子。花坛和林荫路的树都是经过人工修整而变了形态的。

如果把几棵树种在一起，中间的树会很难晒到太阳。所以中间的树为了吸收更多的阳光，会比两侧的树长得更直更高。

于是，树木为了适应自己所处的环境，一点一点改变了形态。树干给植物的身体以支撑，成为输送水和养分的通路，为了做好这些事它们也会改变自己的样子。

但不是所有的植物都会向着阳光笔直地生长。根据植物种类的不同，茎的伸展形态也不同。

以草莓和打碗花、爬山虎为例来观察，就可以很容易地知道茎的不同形态了。

草莓的茎在地上慢慢地爬，这就叫“匍匐茎”。茎从它的末端爬行着长出新的节，随后在那里长出新的根和叶子，

这样就有了新的生物体。并且那里会长出新的茎，向旁边伸展开来。

此外，打碗花的茎缠绕着其他植物的茎干向上，爬山虎的藤末端有扁扁的吸盘，所以它能贴在墙上或树上。吸盘以后会扎根并紧紧贴住茎来吸取养分。这些植物都是攀援茎。

但是如果仔细观察它们缠绕的形态，会发现不同的植物缠绕的形态也是不同的。和打碗花、葛一样的植物的藤蔓向右边缠绕向上，洋刀豆、藤子等向左边缠绕向上。

打碗花（攀援茎）

在地下生长的茎叫“地下茎”。竹子、美人蕉、生姜、土豆等的地下茎用来储存养分和繁殖。我们吃的土豆其实不是果实而是茎。土豆在地上面的部分是它的地上茎，地里的土豆块其实是地下茎。

土豆块上有许多小眼，眼和眼之间就成了节。把土豆拔出来，虽然上面有许多须根，但可以看到土豆块还是很光滑的。而红薯块本身则附着了几个小小的根，所以我们吃的红薯属于根。

也就是说，我们吃的土豆是茎，而红薯是根。

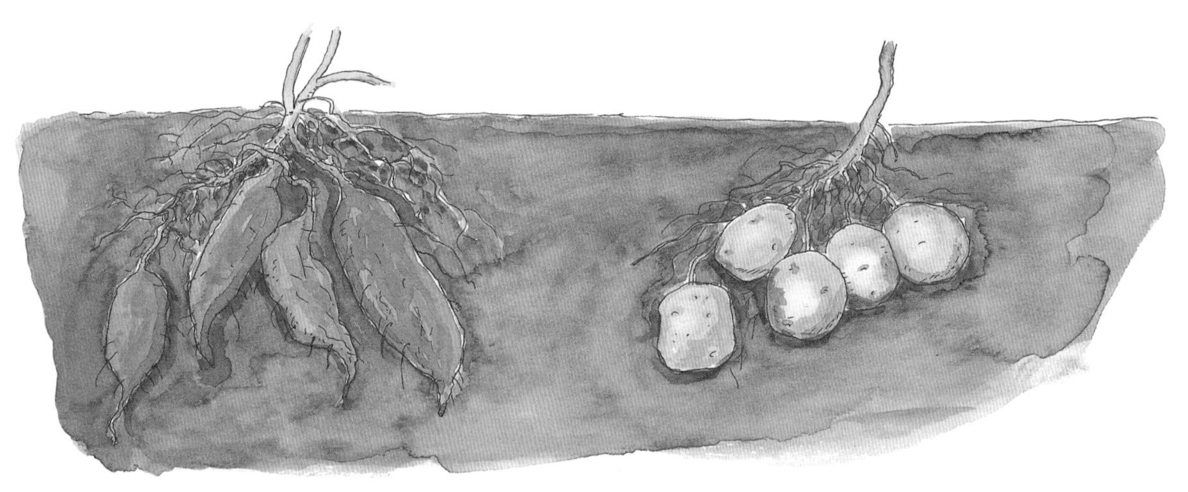

红薯（根）　　　　**土豆**（地下茎）

玫瑰（刺）
仙人掌的刺是叶子，玫瑰的刺是茎的变形。

葡萄（藤）
豌豆的藤是叶子，葡萄的藤是茎的变形。

茎随着需求的不同，形态和作用会发生变化。茎向藤变化的情况也有。用藤将周边的物体缠绕起来，支撑自己的身体的代表性植物有黄瓜、南瓜和葡萄。这些藤都是由茎变化来的。

茎变化成刺的情况也很多。玫瑰、野蔷薇、山楂树等的刺都是茎变化的结果。

从土壤中吸取“乳汁”的植物嘴巴：根

不论是人还是动物，都一定要吃东西才能活，植物也是一样。你们知道红薯、人参、白萝卜、胡萝卜、牛蒡、沙参、桔梗都是根吗？根是吸收水和无机养分的植物“嘴巴”。

只有先扎根，一切才会开始

有这样一句话叫根深的植物才不会被风吹倒。另外，根深的树木才能很好地挺过干旱。对于植物来说，根的工作包含在了这两句话里。

在水资源丰富的地方或者是在水里生长的植物，它们的根不是很脆弱就是几乎没有。但是在非常干旱的地方生长的植物，它们的根扎得很深很远。这是植物根据环境各自适应、变化的结果。只在好的环境里生活、对其他环境不熟悉的植物，突然处于不好的环境中，就会死掉。

动物和人也是一样。只在安全的环境中生活的生物不会轻易改变，但被放入困难艰苦环境中的生物为了克服生存的艰难，身体会发生变化。

同样地，只在舒适环境中生活的人们不会进化、发展，就好像因为不缺水而不用扎根的水草一样。

扎根意味着植物的“开始”。从种子开始扎根生长，成为草或者树。所以植物为了很好地生长，一定要扎好根。所有的树都有根，没有根的树是长不出叶子的。因此，根是决定植物开始和结束的重要器官。

根因植物的种类而异。为了能用眼睛看见埋在土里的植物的根，一定要采集根。要把根拔出来可不容易。因为侧根紧紧抓着土壤，如果把根胡乱拔出来，侧根就会断掉。

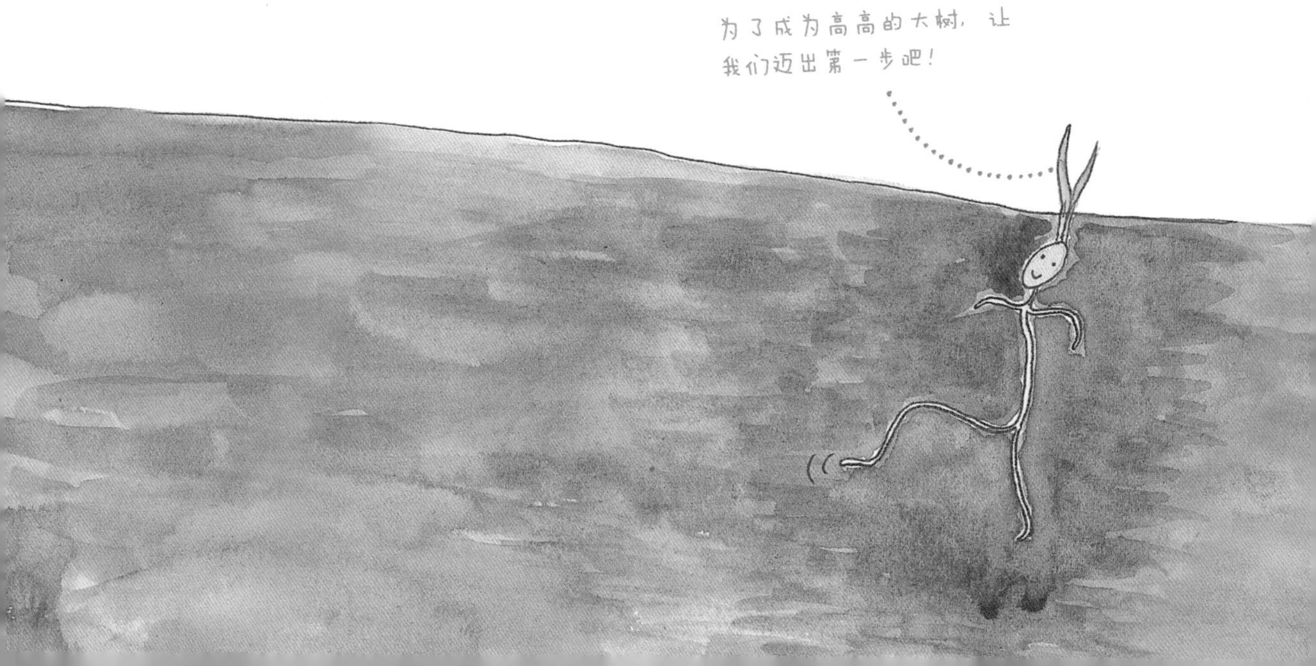

因此，首先给要采集的植物洒上足够的水，让水渗入土里。接下来，利用泥铲或铁锹从离茎较远的地方开始往深的地方挖，刨出泥土。在取出根后把泥土抖掉，再用水清洗就可以了。

那么，接下来让我们观察、比较藜和狗尾巴草的根吧！

藜的根中央有一根长长的主根，边上有很多细细的侧根。这样的根叫作“直根”。但是狗尾巴草的根是许多相似的根簇生在一起的。像这样的根就叫作“须根”。比起狗尾巴草，藜的根更能够深深地扎进地里生长。

无论是什么样的根，都有着我们用肉眼看不见，却可以用显微镜观察到的根毛。这些根毛可以吸收泥土中的水分和无机养分。

须根
直根
狗尾巴草
单子叶植物有许多纤细的须根。
它的叶脉非常整齐。
藜
双子叶植物有粗的主根
和细细的侧根。它的叶
脉是网状的。

根毛是由根表面的表皮变化来的。在盘子里垫上棉花，再放上白萝卜或白菜的芽让它们发芽，就会看见许多像线一样的绒毛。这就是根毛。在从土里面采集的藜和狗尾巴草的根上很难观察到根毛。

根毛吸收的水分和无机养分会直接从根毛里面进入根

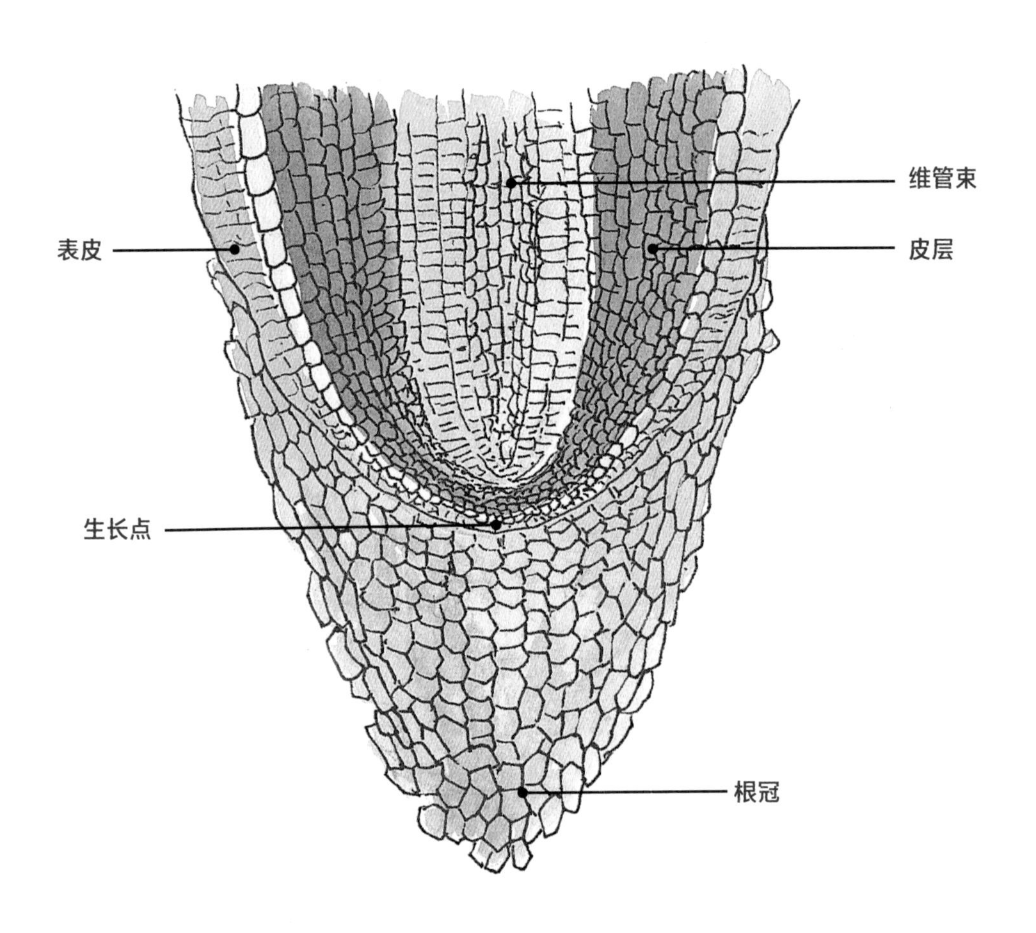

的导管。根的导管和茎的导管相连，再和叶脉的导管相连。这样，通过根进入茎的水分就可以到达叶子，再从叶子上的气孔排到空气中，这就是前面说到的蒸腾作用。

在根的末端有细胞分裂非常活跃的组织。有了这个组织，根就能够从泥土颗粒中间扎下去。这个分裂组织的外面还包裹着叫作“根冠”的东西。

前面看到的藜是网状脉，狗尾巴草是平行脉。即藜是双子叶植物，狗尾巴草是单子叶植物。这样，我们就可以知道叶子是网状脉的双子叶植物有主根和侧根，叶子是平行脉的单子叶植物有须根。

在知道这样的规则之后，即使只看到根也可以判断出植物的种类。比如只看到了芸豆的叶子，就可以知道它是双子叶植物并且有主根和侧根。根据同样的规则，就可以给植物分类。像这样的规则就是自然的法则。

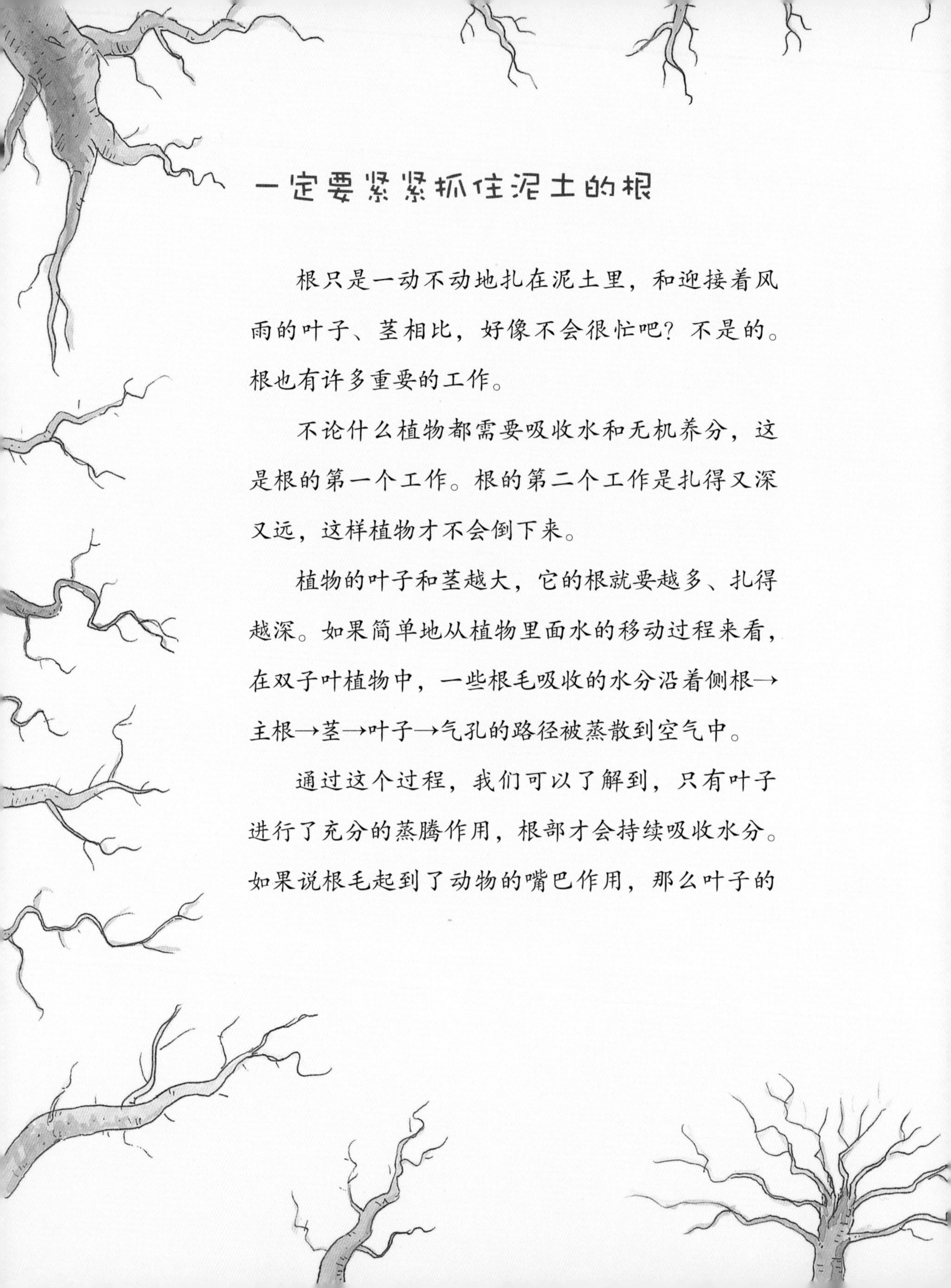

一定要紧紧抓住泥土的根

根只是一动不动地扎在泥土里，和迎接着风雨的叶子、茎相比，好像不会很忙吧？不是的。根也有许多重要的工作。

不论什么植物都需要吸收水和无机养分，这是根的第一个工作。根的第二个工作是扎得又深又远，这样植物才不会倒下来。

植物的叶子和茎越大，它的根就要越多、扎得越深。如果简单地从植物里面水的移动过程来看，在双子叶植物中，一些根毛吸收的水分沿着侧根→主根→茎→叶子→气孔的路径被蒸散到空气中。

通过这个过程，我们可以了解到，只有叶子进行了充分的蒸腾作用，根部才会持续吸收水分。如果说根毛起到了动物的嘴巴作用，那么叶子的气孔则起到了肛门的作用。

水能到达很高的树木的顶部，是因为导管有非常细的毛细管。如果管非常粗的话，水的量就会很大，需要往上送的水就会很重，这样水就到不了那么高的地方。

比较一下根和叶茎的数量还有重量，哪一个更多、更重呢？虽然根据植物种类和生长环境的不同，比较的结果会有一点不同，但是就树木来说，在土地上的叶茎和在土地下的根的数量和重量是差不多的。

走在林荫路上，可以看到有些原本长在泥土里的粗壮的根像在爬的蛇一样凸出来。如果把根翻出来看一看，会发现泥土好像被根覆盖了，树根们相互缠绕，捆绑在一起，形成层状。

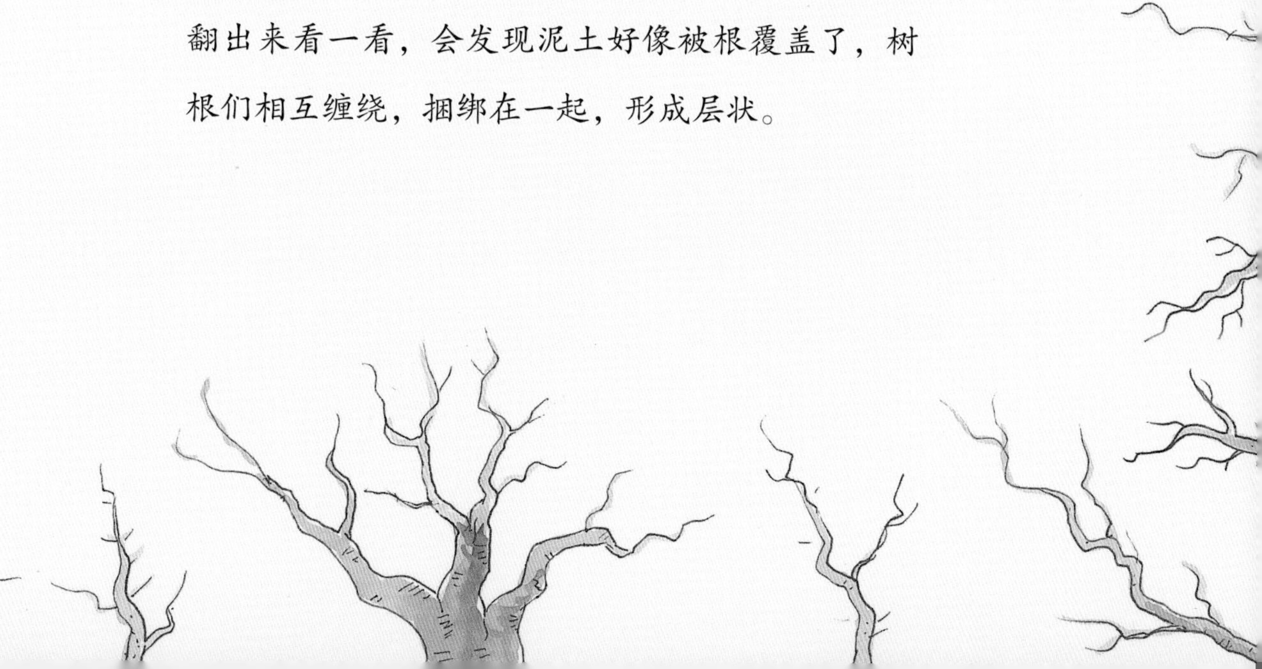

根像这样扎在地里，能够起到不让泥土流失的作用。因此在没有树的山上，一定要种上树。没有树根扎着的光秃秃的土地，遇到下雨的时候，就会被雨水冲走泥土，形成山体滑坡。

进入远离路边的树林，把地挖开看，就会发现即使是树的小根，也都向着四面八方展开。我们可以试着晃动周围的树，不论怎么摇晃，它都很难动弹。因为树在土地里扎着牢固的根，所以即使台风吹来，也可以抵御得住。

大家可以尝试着把各种高矮不同的植物连根拔起来，这样就可以知道根据植物的高矮不同，拔起来费的力气大小也不同。即使是看起来微不足道的小树、小草，它的根也用了不知道多少力气才扎进泥土里呢。例如，一棵巨大的洋槐树，它的根足足伸展到了500米远的地方。像这样把根伸展得又远、又深的树，无论我们用多大的力气推，它也不怎么动弹。

周边泥土的水分和无机养分越充足，根就越短。因为根不需要在远的地方找到养分，所以它就算不努力也没有关系。相反，在干旱或是肥料少的地方，同样种类的植物，它们的根会伸展得更远。所以，在沙漠中生活的植物，它们的根要比我们想象中扎得深。

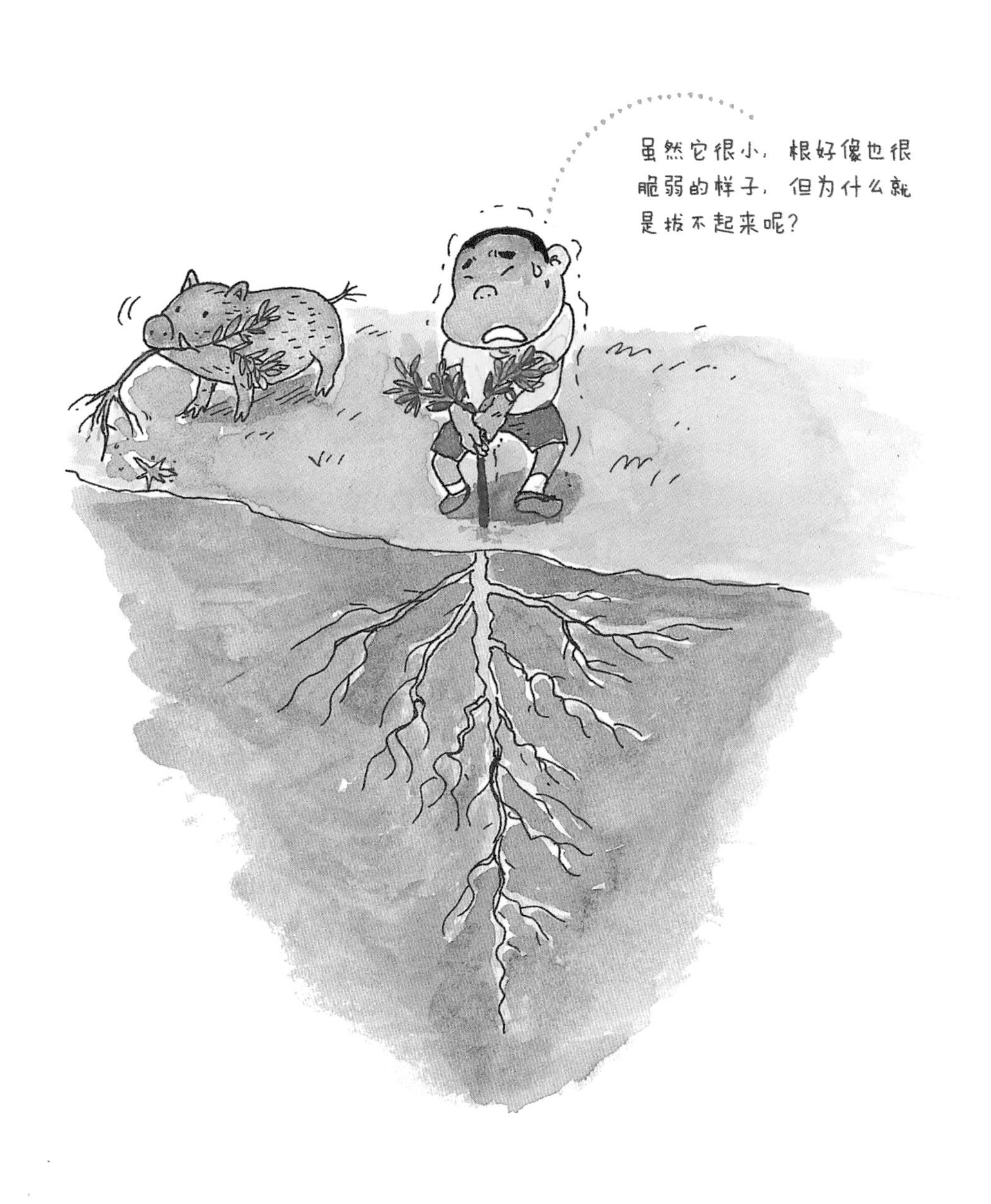

在一个地方没法活动的植物，说不定比那些可以自由活动的动物有着更顽强的生命力。我们来看一看，小草和树木有着怎样顽强的生命力吧！

树根的再生能力是非常强的。如果我们把大树搬到别的地方去，就要将根几乎全部截断，只留下一点泥土，放进麻袋或稻草里圆圆地包裹起来搬走。虽然根几乎全部被截断，但也不用担心树木会死掉。如果搬走重新种，树木会在栽种的地方马上长出新的根。这对于拥有顽强生命力的植物来说，是可以做到的事。

在将树搬走种的时候，最好带一些那棵树原来生长过的地方的泥土，撒在新地方的边缘。这等于是把植物放在了自己呼吸过的土地里。

还有，在第一次移栽树木后，最好给它做一个支架。因为刚经过移栽，树的根还不是很牢固。刮起大风，树倒下的话，就糟糕了。

移栽好树木、盖上泥土之后，用脚踩实，然后再倒上米酒。米酒是大人们喝的酒，却给树喝，是不是很奇怪呢？

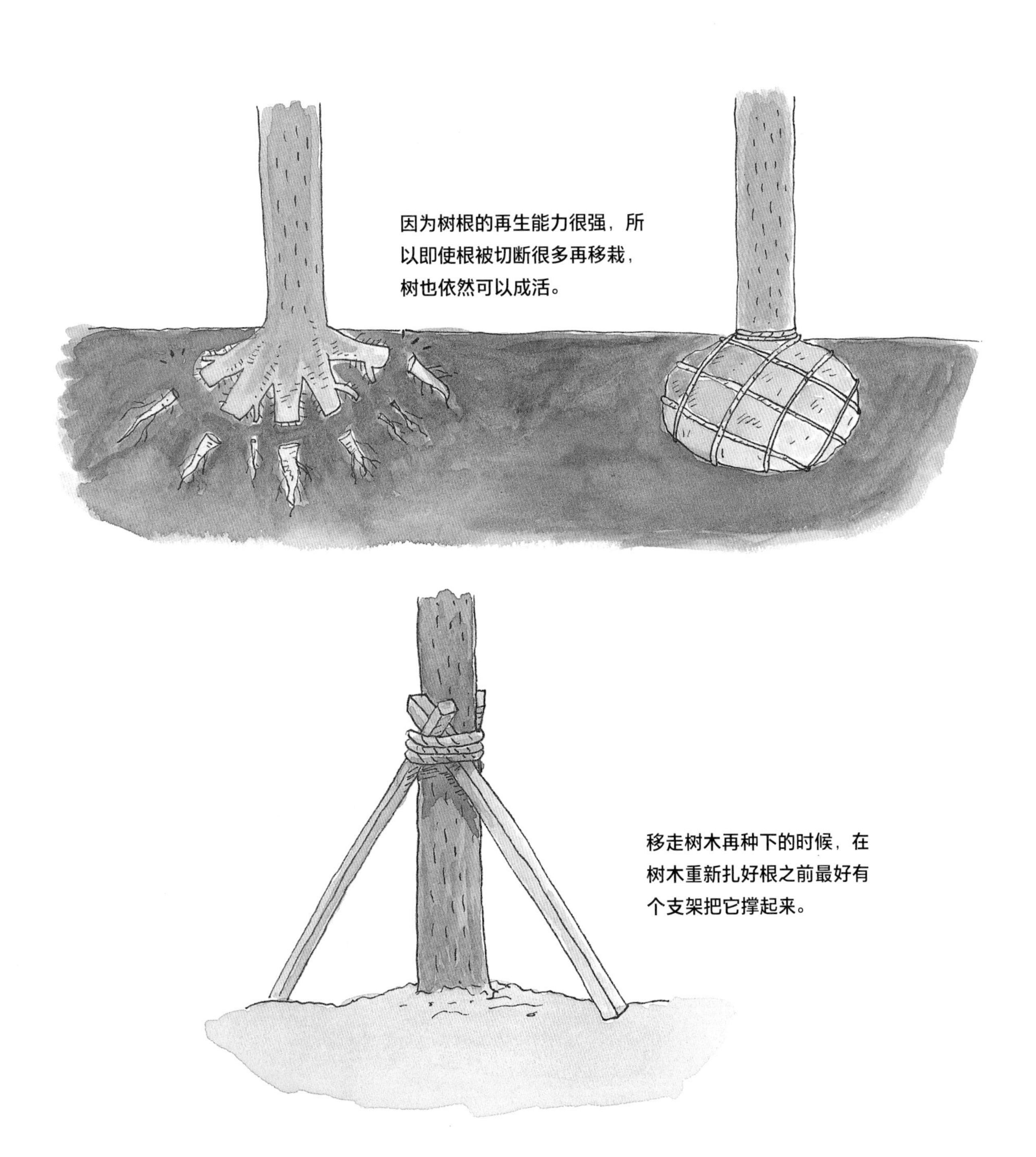
因为树根的再生能力很强，所
以即使根被切断很多再移栽，
树也依然可以成活。
移走树木再种下的时候，在
树木重新扎好根之前最好有
个支架把它撑起来。

实际上，米酒能够帮助泥土里的微生物生长。泥土里有植物需要的微生物。微生物多了，根才能够长得结实并且很好地吸收无机养分。撒一些植物原先生活的地方的泥土，也是出于这个目的。

各种各样的根

根最重要的任务就是吸收水和无机养分。但不只是这些，根为了做不同的工作，还变化了各种各样的形态。

首先有储存养分的贮藏根。像人参、红薯、白萝卜、蔓菁、胡萝卜、牛蒡、沙参、桔梗等，用根来储藏养分的植物有很多。以上这些都是拥有网状脉的双子叶植物，养分储藏在主根中。在主根上会长出许多侧根，就像前面我们看见的藜。土豆是用茎储藏养分的，所以这里没有涉及。

白萝卜

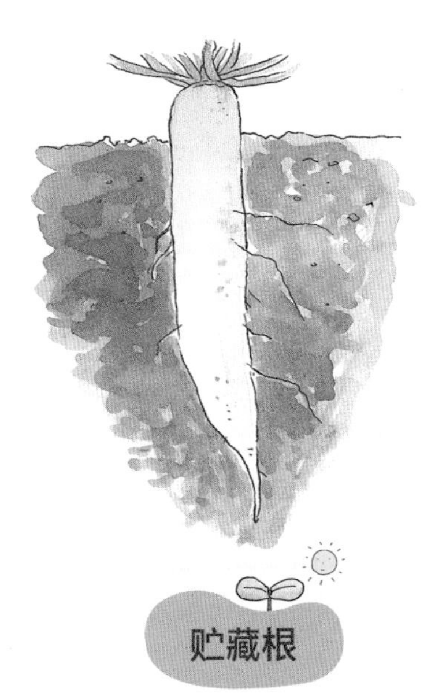

贮藏根

用来储存养分的根。

玉米

支持根

为了不让植物倒下，用来支撑的根。

槲寄生

寄生根

贴在其他植物上吸收养分存活的根。

爬山虎

攀援根

紧贴着其他物体的根。

植物有支撑不让其倒下的“支持根”。玉米或高粱除了埋在地里面的根之外，在茎的最下面关节的地方有向四面延伸出去的根。这个根是气生的不定根，它的作用是不让玉米或高粱倒伏。

在其他植物上寄生的根叫“寄生根”。槲寄生在橡木等植物的茎上扎根，从橡木的导管中吸收水分。

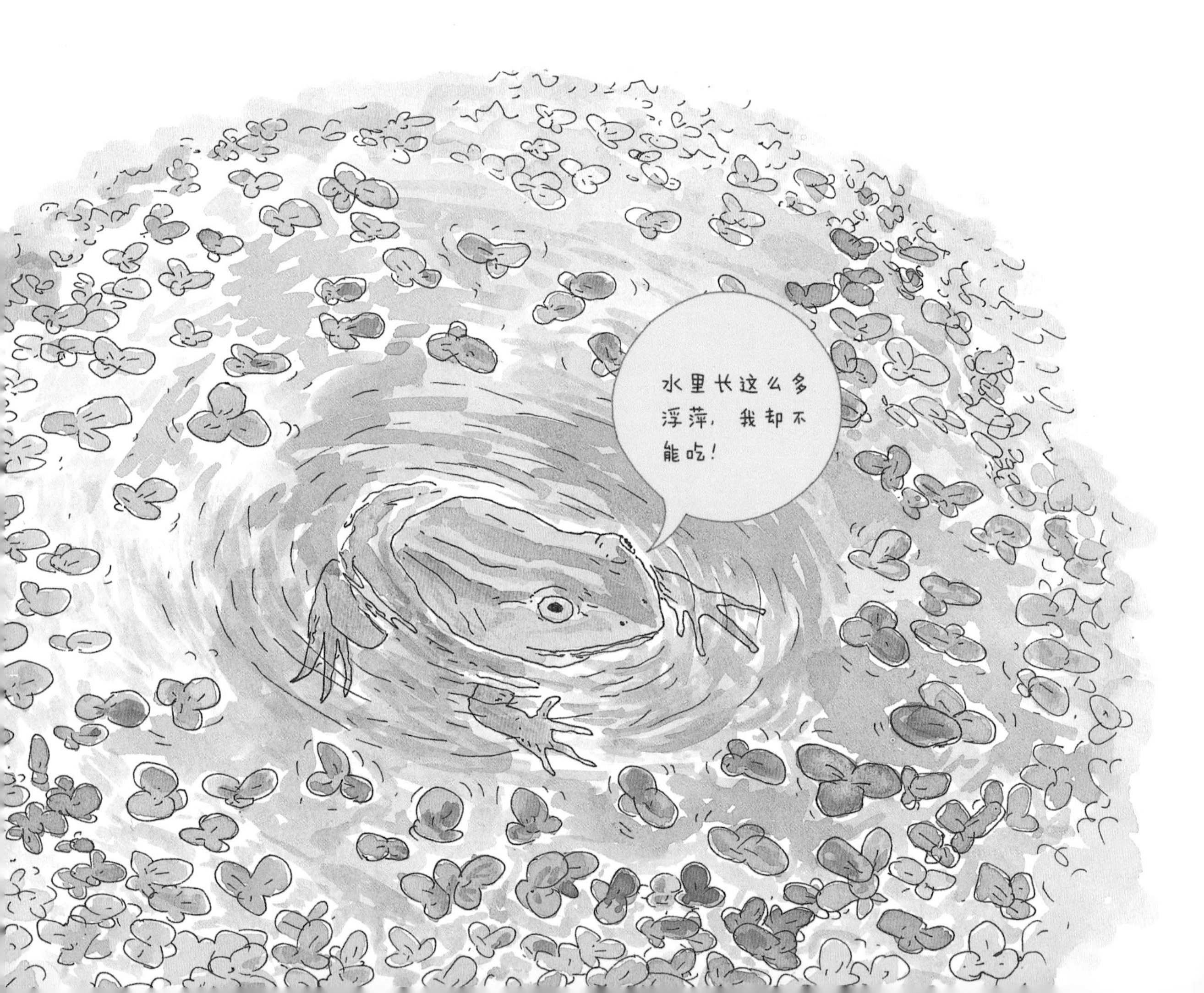

所以说，槲寄生是植物中的寄生植物。还以为只有动物才靠植物生存呢，原来还有这样贴在其他植物上来吸取水和养分的植物啊。

爬山虎的每一节都会长出根，把茎紧紧地贴在其他物体上。这种根叫“攀援根”。

除此之外，浮萍之类的植物的根是“水生根”。浮萍的根在水中吸收水分，并且起到了保持平衡、不让植物倒下来的作用。

漂浮在水中生活的“芜萍”是和浮萍类似的植物。芜萍作为有花植物，有着世界上最小的花。

植物的
繁殖器官：花

花因为有昆虫、鸟、风和水的帮助，才留下了子孙后代。仔细看，花的花瓣数、颜色和形态都不一样。但是这其中是有规则和原因的。让我们来看一看花瓣的秘密吧。

花也交配

在了解花的特性之前，我们再来学习一遍之前说过的植物的种类。

植物大致分为无花植物和有花植物，有花植物又分为裸子植物和被子植物。而被子植物又分为单子叶植物和双子叶植物。这里会以有花植物为中心进行详细说明。

花既有我们眼睛能够愉悦欣赏的、十分华丽又漂亮的，也有非常朴素、并不显眼的。花的意义和作用其实并不只是卖弄美丽的外表或炫耀香气。花承担的最重要的责任，是作为“繁殖器官”负责植物的交配和繁衍后代。

植物的根、茎和叶叫作“营养器官”。营养器官要做的事正是帮助繁殖器官花好好地开放。植物的根、茎、叶为了这个目的费尽心思地长大。

正如每只动物都有繁殖器官，植物为了繁衍后代也有自己的繁殖器官。只是植物的繁殖器官，是在茎最顶端的有着美丽外表的花。实际上，这是一个很有趣的差异。

但是动物可以自由自在地来回走动，寻找配偶来交配以留下后代。在一个地方一动不动生活着的花是怎样繁衍后代的呢？

植物主要是靠像蜜蜂、蝴蝶这样的昆虫在吃花蜜的时候，腿上或身上沾上花粉，从而使花粉在花与花之间传播的。

蜜蜂和蝴蝶都是帮助花儿交配的昆虫，在吸食花蜜的同时，腿和身上会沾上花粉。这样，在飞去另一朵花的时候会把花粉沾上去。花接受了花粉，即授粉，便留下了后代。花粉沾上雌蕊柱头完成受精后，植物就结出了果实和种子。

通过昆虫传播花粉的“虫媒花”，通过风传播花粉的“风媒花”，通过水传播花粉的“水媒花”等都有着各自的交配方式。虫媒花让昆虫帮助搬运花粉的代价就是需要准备好甜甜的花蜜。

并且，为了让昆虫靠近，虫媒花会散发出浓浓的香气。此外，它们还会用漂亮的颜色，为自己打扮一番。只有这样，花儿们才能轻松地被昆虫发现从而能够传送花粉。

根据种类的不同，晚上开花吸引飞蛾的植物也是有的。也就是说，花散发出甜甜的香味，用美丽的颜色打扮自己都是为了吸引更多的昆虫来。

每朵花的形态、颜色、散发的气味都不一样。这意味着，昆虫们喜欢的花朵也是不一样的。

每一朵花都有着帮助自己交配的昆虫所喜欢的颜色和香气。

花除了花瓣的颜色和香气以外，还会用花蜜来吸引昆虫。
通常，花瓣中间部分的颜色和周围的颜色会不一样，或者有花蜜的中间部分会有线条等的标记。昆虫看到这些就知道花是否有花蜜了。

野蔷薇的气味和玉兰的气味并不相同，这意味着喜欢它们的昆虫也不一样。

因此，向着一种花飞来的昆虫一般也是固定的。熊蜂向着南瓜花飞去，天蛾聚集在葫芦花上。也就是说，昆虫不是不挑选花朵的，或者说不是不论什么昆虫都会飞来沾上花粉、吸走花蜜的。

一朵花既有雌蕊又有雄蕊的叫“两性花”。这和在动物世界中一个身体里同时有雌性和雄性的繁殖器官的情况是相似的。

这样的话，把雄蕊的花粉沾在同一株植物的花的雌蕊柱头上，即故意在一株植物的花里面进行交配，这样做会有好的结果吗？不会的。果园里面会把几棵梨树或者桃树或者李子树，聚集起来种。而如果在离它们很远的地方单独种一棵树，那么这棵树就不会结出好的果子。植物的世界是神奇的，要尽可能地接受其他花的花粉。因为只有这样，以后才能结出好的种子。所以，同一株植物的花不能同时给予花粉和接受花粉。

这种接受了自己花朵里的花粉而不能结出果实的特性叫“自花不孕性”。

就像人们不能和自己的近亲结婚一样，植物也是遗传基因相似的近亲之间不会结出优质的种子。为了防止一朵花中的雄蕊垂得很长导致“自花授粉（自己的花粉自己接受）”，植物会使雌蕊和雄蕊的生长期错开，这样就不会出现自花授粉的情况。

红的、黄的、蓝的、白的花

之前说过每朵花的长相、气味和颜色都各自不同。这是为了吸引不同的昆虫。

花的颜色大体分成红色、黄色、蓝色还有白色。这里我们来做一个简单的实验。

在开始试验之前，先简单教大家染凤仙花汁的方法。先去摘下足够多的凤仙花。把它和白矾粉一起装在碗里啪啪捣碎之后紧紧放在指甲上捆起来，等我们睡一个晚上起来，指甲就会染上红色。从前，人们就是这样用凤仙花染色代替美甲的。

这里我们要做的实验是从凤仙花染色的方法中去掉白矾，只放花瓣来研磨榨出花汁。

如果把花汁全都榨出来倒入试管，再往里面倒入稀的氢氧化钠溶液。那么，能看见颜色的变化吗？好像魔法似的变成了蓝色呢。这里用到的碱是氢氧化钠。

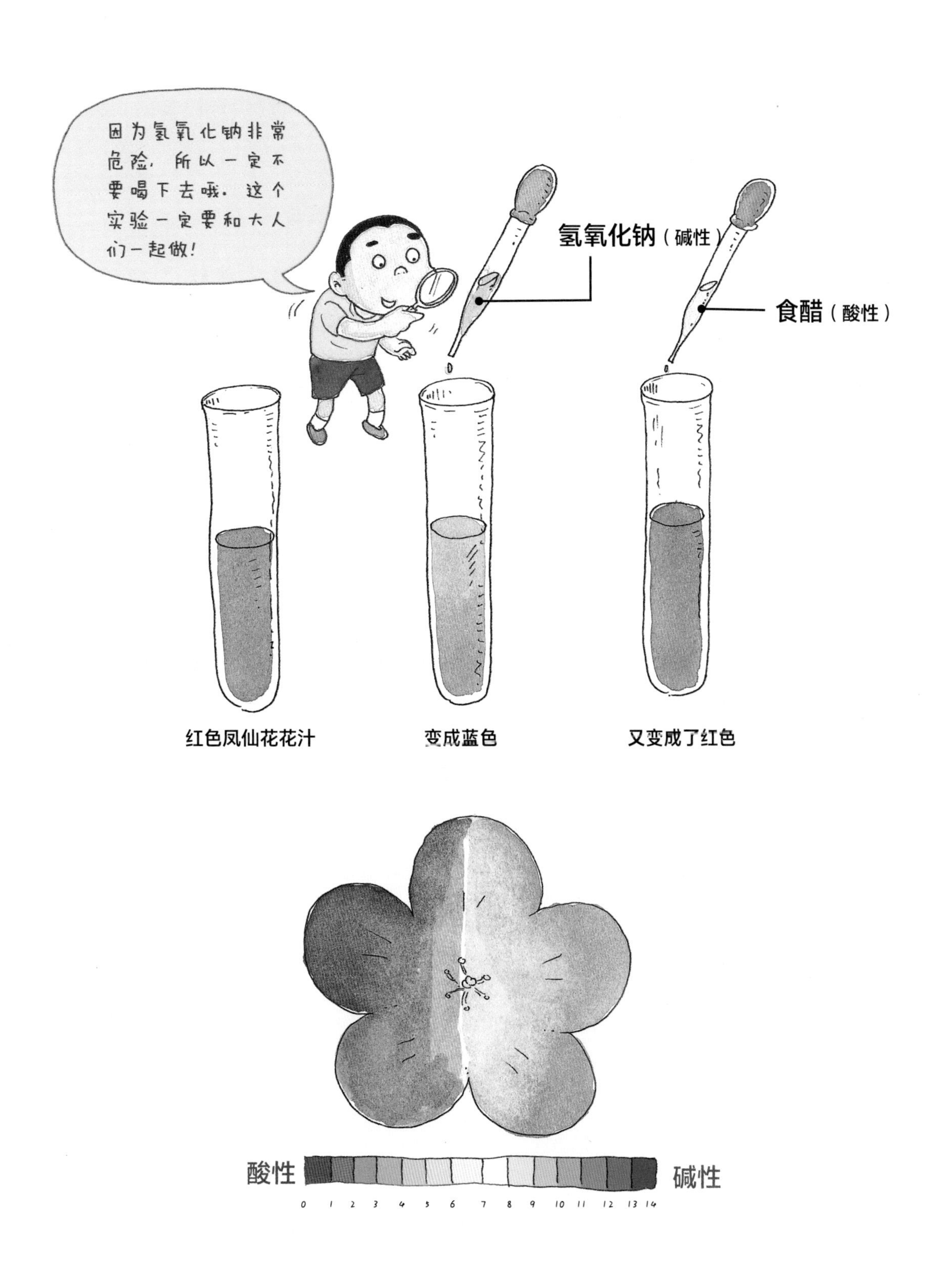

因为氢氧化钠非常危险，所以一定不要喝下去哦。这个实验一定要和大人们一起做！
氢氧化钠（碱性）
食醋（酸性）
红色凤仙花花汁
变成蓝色
又变成了红色
酸性
碱性
0 1 2 3 4 5 6 7 8 9 10 11 12 13 14

在这个试管中加入酸性的食醋，颜色就会重新变成红色。因此可以知道，花汁遇酸变红，遇碱变蓝。

实验中经常使用的测试纸是石蕊试纸。石蕊试纸遇酸变红，遇碱变蓝。可以看到，凤仙花花汁和石蕊试纸的性质是一样的。

石蕊是地衣植物中的一个名字。从“石蕊地衣”中把汁过滤出来，得到的液体就叫作“石蕊液”。把它涂抹在纸上晾干，就做成了石蕊试纸。凤仙花中有一种叫作花青素的物质，它和石蕊试纸一样拥有施展魔术的能力。

我们周围能看见的所有红色的花，构成其花瓣的细胞都是酸性的。在春天，把粉红色的杜鹃花瓣摘下放进嘴巴里尝一尝就会有酸味。另一方面，构成蓝色系花的细胞都是碱性的。细胞里面有叫作液泡的小口袋，液泡里面含有的花青素遇到酸呈红色，遇到碱呈蓝色。秋天红色的枫叶也正是和花青素有关。

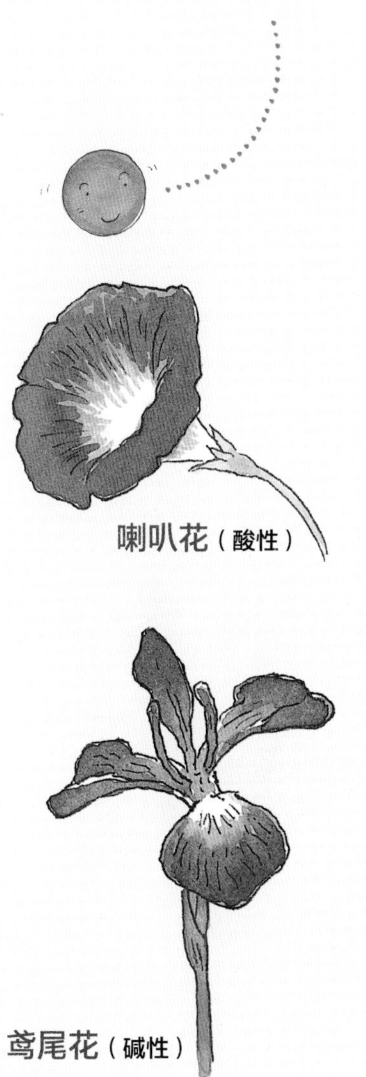
我是花青素，遇
到酸或碱的时候
我就会变色。
喇叭花（酸性）
鸢尾花（碱性）

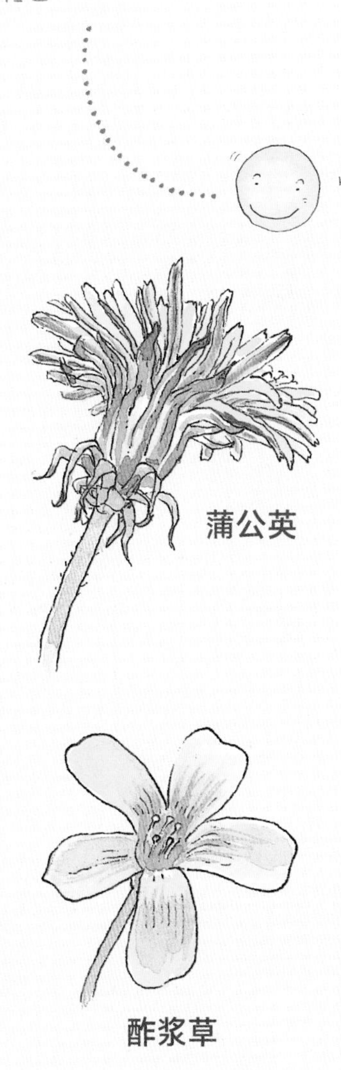
我是类胡萝卜素，
可以呈现黄色或者
橙色。
蒲公英
酢浆草

我们已经知道了，红色和蓝色的花是因为里面的花青素分别遇到了酸性和碱性成分。那么，黄色的花为什么是黄色的呢？

黄色和花青素没有关系，和类胡萝卜素有关系。类胡萝卜素是决定像胡萝卜或橘子一样的黄色系颜色的色素。根据类胡萝卜素的种类和含量的不同，黄色的深浅程度也会不同。

那么现在剩下的就是白色的花了。为什么花瓣的颜色看起来是白色的呢？白色的花其实和什么都没有的意义一样。

白色的花就像发生了某种突变，没有花青素也没有类胡萝卜素。如果摘下白色花瓣夹在手里用力按压，会发生什么呢？就连之前看到的白色也没有了。挤出来的花汁也是没有颜色的。

这是因为细胞里的空气跑出去了。这和冬天的积雪虽然放在盆子里看是白色的，但往里面倒入水就变成了无色的道理是一样的。因为雪花缝隙里的空气都跑出去了。

不论是白色的花还是雪花，看起来是白的，是因为它里面的空气接受了光。这就叫作空气的散射。爷爷奶奶的头发看起来是白色的，也是因为毛发中的空气引起散射，所以看起来是白色的。

于是，我们就知道了，决定花颜色的是花青素、类胡萝卜素和空气。

像头发一样的花，像舌头一样的花

前面我们学习了花的颜色是由什么决定的。但不只是花的颜色，花瓣的数量和形态等也都各色各样。

紫罗兰有5片各自分开的花瓣。打碗花是由1片花瓣圆圆地贴在一起组成的。玫瑰的花瓣是许多片叠在一起的。白车轴草是由好多的花瓣簇拥在一起的。

这种像紫罗兰和玫瑰一样花瓣各自分开的叫作“离瓣花”，像打碗花和喇叭花一样花瓣贴在一起成为一片的叫“合瓣花”。

合瓣花除了打碗花和喇叭花之外，还有蒲公英、南瓜、西瓜、百合和向日葵等。

但是为什么向日葵和菊花的花瓣看起来是分裂开的，却是合瓣花呢？我们以菊花为例了解一下。

菊花的花朵是由大花瓣环绕着的，因为大花瓣形态很像舌头所以叫“舌状花”。舌状花是不能结果的假花。里面有叫作“管状花”的小小的真花，这些小小的真花即是合瓣花。

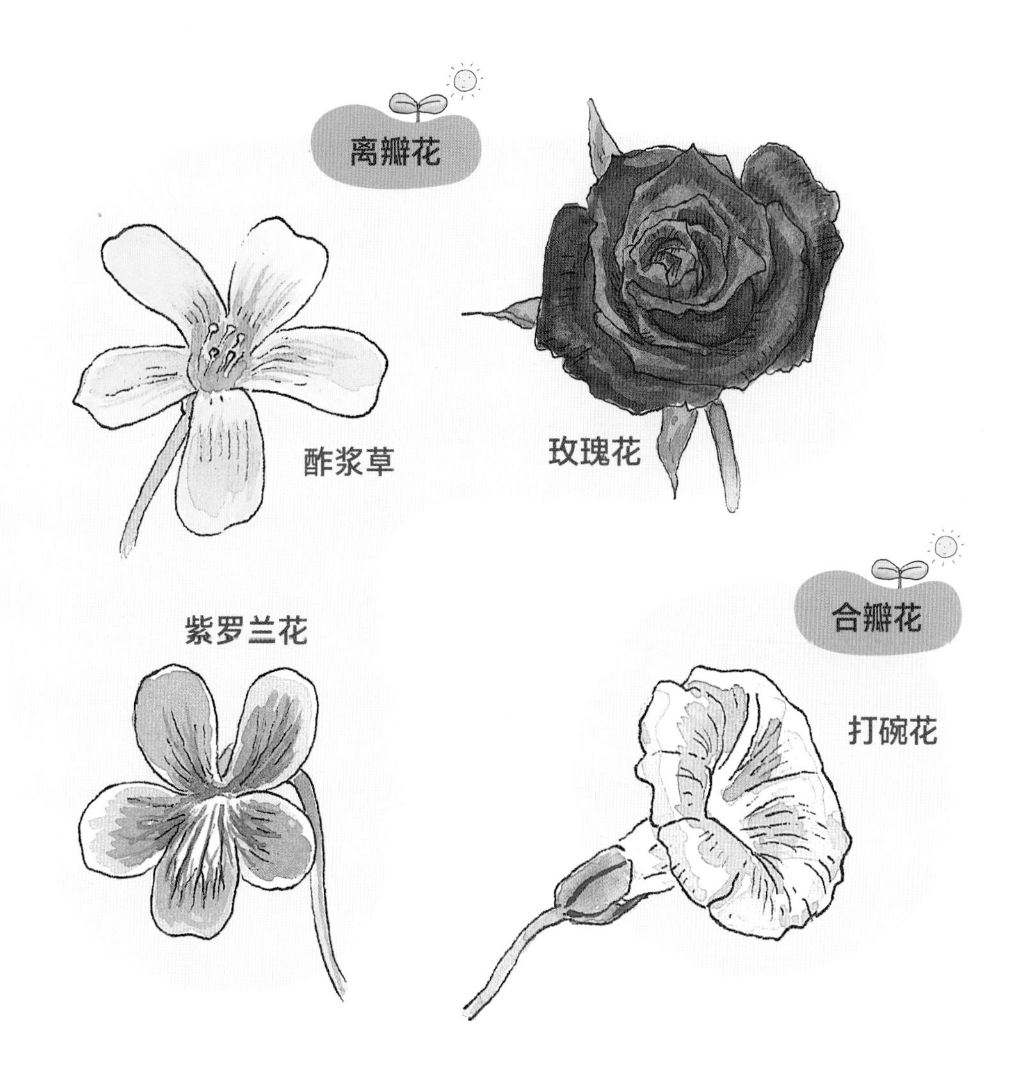
离瓣花
酢浆草
玫瑰花
紫罗兰花
合瓣花
打碗花

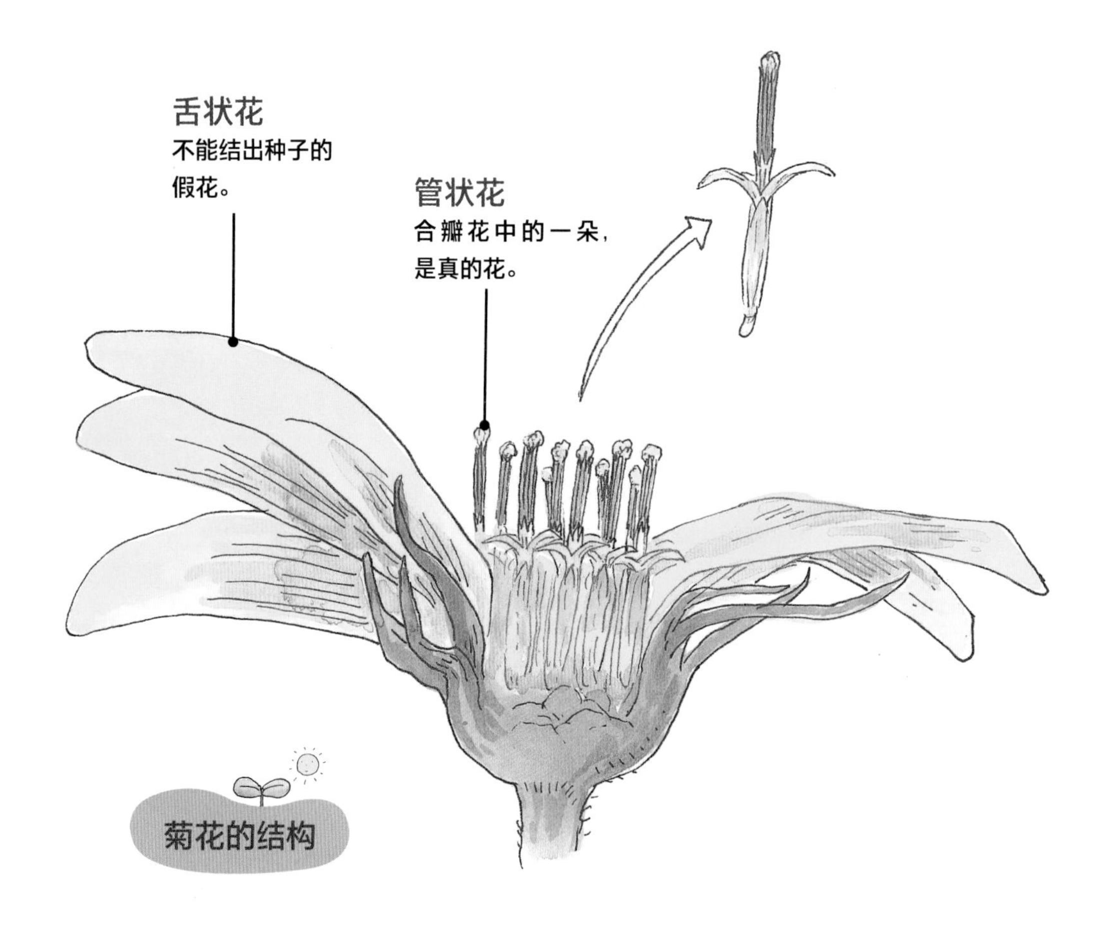

一朵菊花是由好多花聚集在一起形成的。摘下一朵合瓣花观察，雌蕊的末端有两片尖尖的刺冒出来。在它下面有许多包裹着雌蕊花柱的雄蕊。一朵菊花是由大约60朵合瓣花聚集而成的。

向日葵也属于菊科植物。菊花是由许多合瓣花聚集在一起形成的一个花序，每一朵小小的花里面都有雄蕊、雌蕊和子房。同样地，向日葵中央小小的花也是结种子的地方，即一个一个子房在小小的雌蕊里，它的上面藏着雄蕊。将来会开许多许多花，结出许多许多向日葵种子。

向日葵花外面边缘围绕着深黄色的巨大的花，就是前面说到的舌头形状的舌状花。舌状花不能结出种子，就像是假花一样。这是菊科植物的特性。

那么，它们为什么会开出不能结种子的花呢？

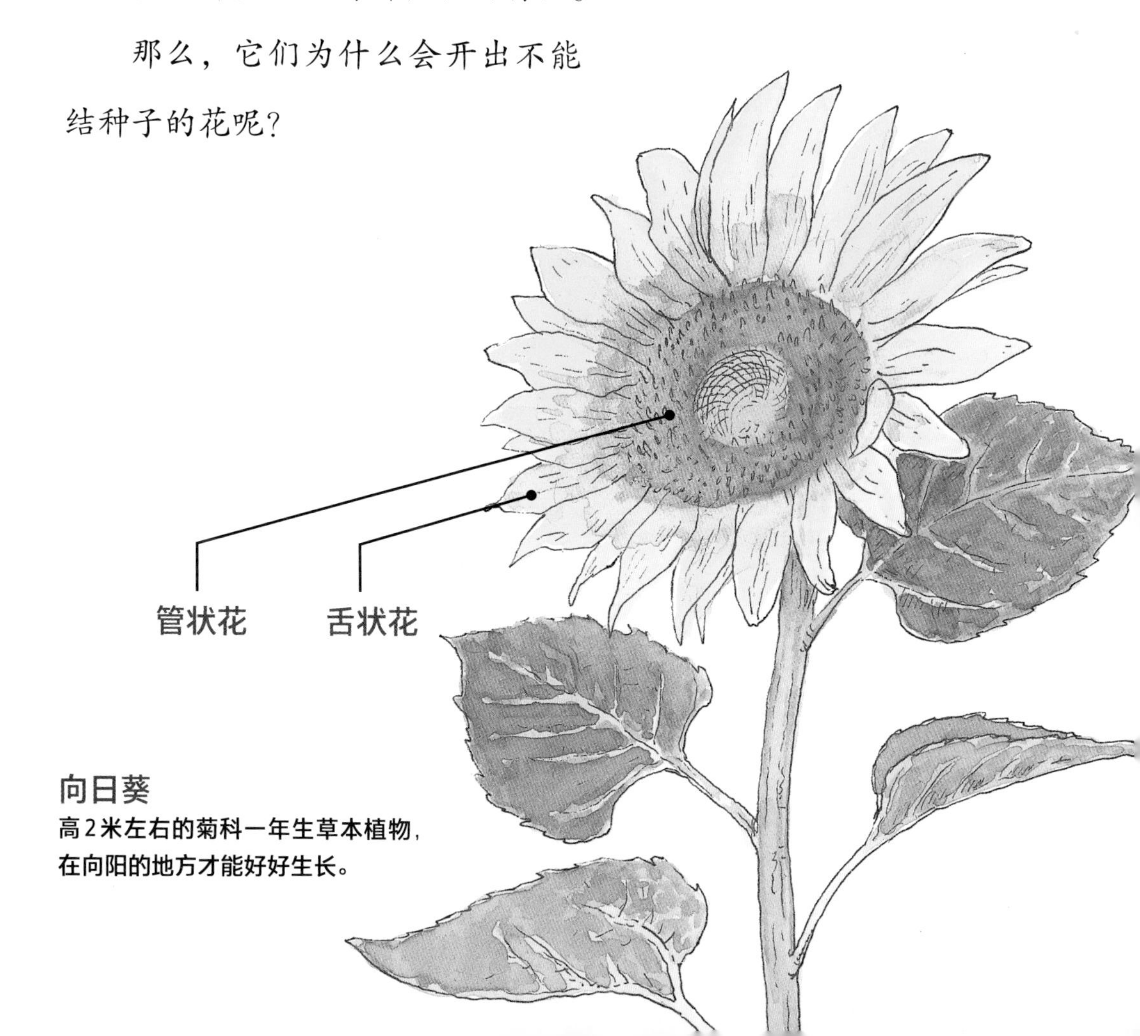

向日葵

高2米左右的菊科一年生草本植物，在向阳的地方才能好好生长。

因为怕蜜蜂和蝴蝶没有办法认出自己，于是它们长出了巨大的假花来吸引昆虫们。

向日葵、蒲公英、菊花和大波斯菊都属于菊科植物，都是由许多花聚集在一起形成一个花序。每一朵小花都是合瓣花。

花瓣数目里隐藏的秘密

这次我们要对周围的花通过用眼睛看、用手摸等各种方法，来观察并数出花瓣的片数。让我们来了解一下，花瓣的数量是不是也和颜色一样有什么规律呢？

哪些植物有4片花瓣呢？白萝卜和白菜的花有4片花瓣。除此以外，其他大部分花都有5片花瓣。例如紫罗兰、桃花、樱花等。

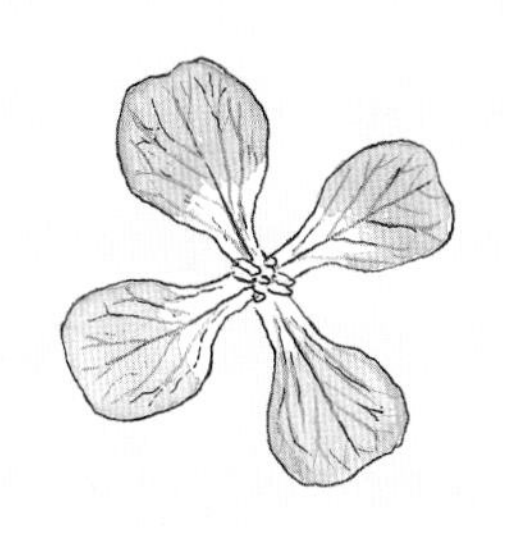

白萝卜花（花瓣4片）

樱花（花瓣5片）

和鸢尾一样的单子叶植物有3片花瓣，双子叶植物的花瓣是4片或5片，或者它们的倍数。那么大波斯菊的花瓣有几片呢？大波斯菊是双子叶植物。因此花瓣是4片或5片或它们的倍数。可是如果花瓣数量比4片还要多的话，那是几片呢？因为是4或5的倍数，所以应该是8片或10片。正确答案是8片。

我们再比较一下双子叶植物和单子叶植物的特征吧。

	双子叶植物	单子叶植物
子叶	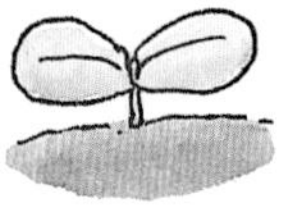 二	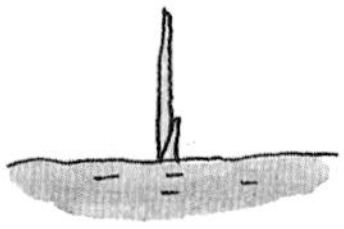 一
花瓣	 4或5的倍数	 3的倍数
叶脉	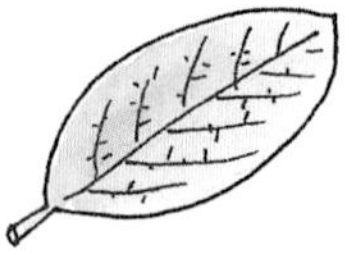 网状脉	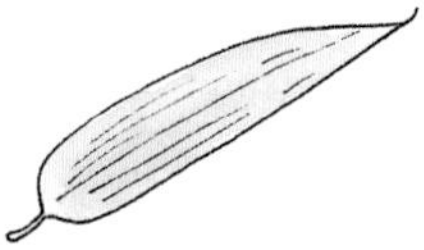 平行脉
根	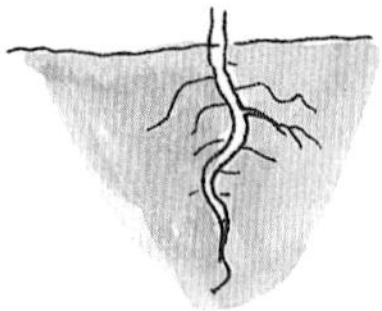 直根	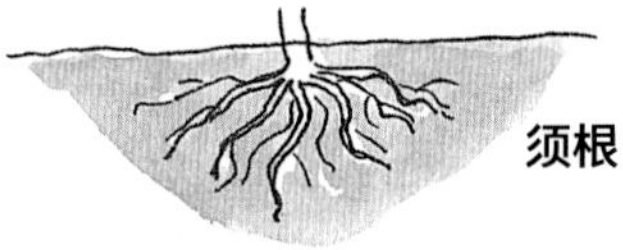 须根
维管束	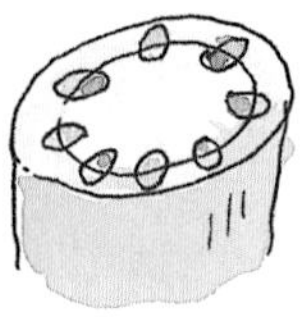 茎边缘的维管束呈环状	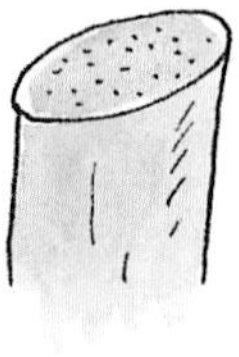 维管束向四周分散
形态	 小草或树木	 几乎都是草

和动物比较来看花的结构

花儿呈现美丽的颜色，散发出迷人的香气等待昆虫们的到来，也在等待人们的关心与停下脚步欣赏。

在近处仔细观察花儿。不是只用眼睛盯着来观察。一定要把感觉器官眼睛、鼻子、耳朵、嘴巴、皮肤全部都动员起来。当然，首先还是要用心，即一定要给予关注。

接下来的图片展示的是为了观察白萝卜花而准备的标本。按花部特征撕开白萝卜花，把它们放在报纸之类的纸上，再用厚厚的书压3~4天。然后把纸拿出并将花的各个部分粘到纸上，标上花各部分的名字、采集场所、花各部分的特征等，这样标本就做好了。

如果观察做出来的白萝卜花标本，就会发现它有4片花瓣、4个花萼、6个雄蕊和1个雌蕊。这就是白萝卜花的结构。

花瓣是保护雄蕊和雌蕊并招来昆虫的器官。花萼是保护花瓣的支架。雄蕊是制作花粉的器官，因此相当于动物的睾丸。雄蕊的末端看上去还粘着其他东西，那就是“花药”，

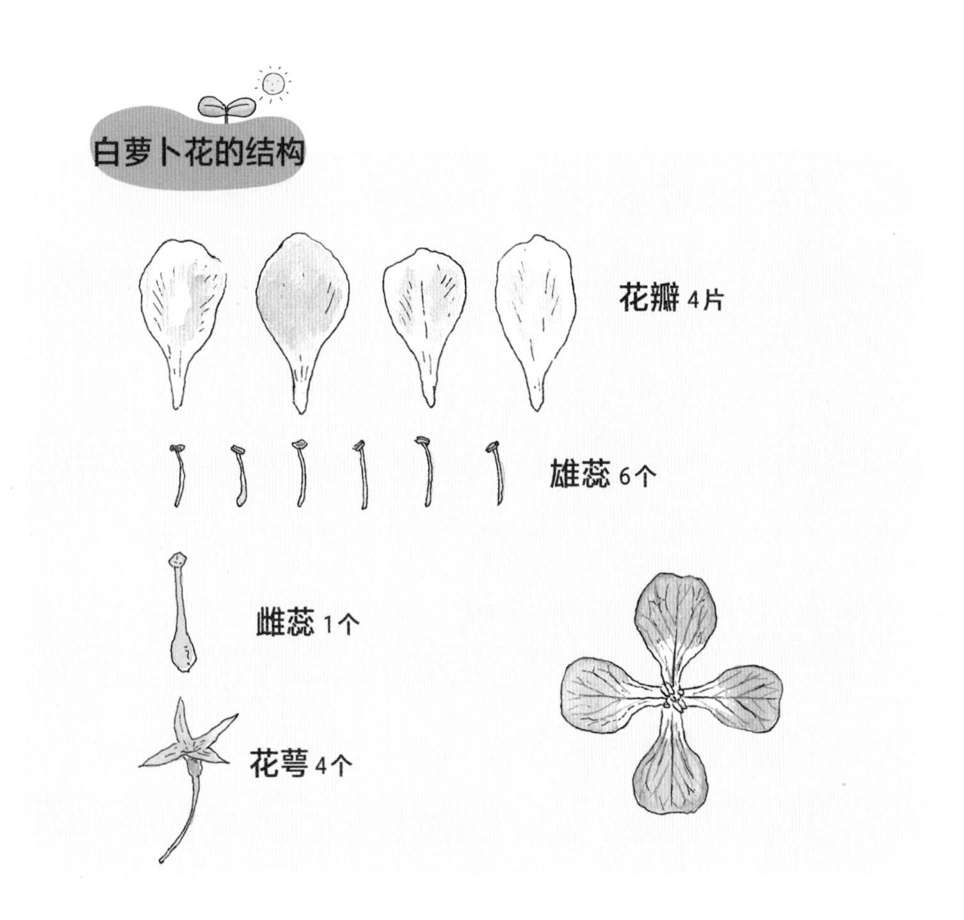

通常由2个或4个“花粉囊”组成。雄蕊就是在这里面制作花粉的。长长的那个部分叫作“花柱”，花柱伸得长长的才能让昆虫更容易碰到它。

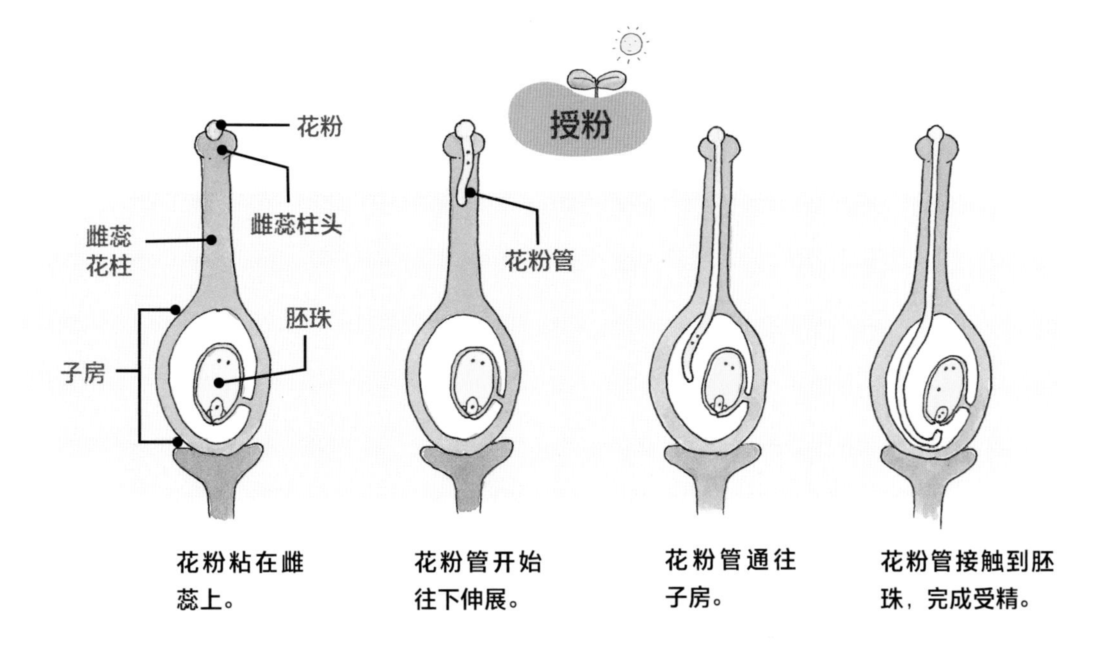

雌蕊相当于女性的卵巢。雌蕊最上面的部分是“柱头”。因为那里面有黏糊糊的花蜜成分，所以花粉才能很好地沾上雌蕊柱头。像这样，雌蕊柱头沾上并接收到另一朵花的花粉，即为“授粉”。

雌蕊柱头下面长长的柄叫作“花柱”，再下面有一些鼓鼓的样子的部分，叫“子房”。子房相当于哺乳动物的子宫。子房的四壁会长出果实，果实里面有种子。

雌蕊柱头上沾着的花粉从花粉管出来，穿过花柱到达子房内的胚珠。就像动物精子和卵子相遇一样，发生了“受精”。

借助蜜蜂、风和水的力量

雌蕊柱头沾上花粉叫作授粉，花粉经过花粉管与胚珠相遇的过程叫作受精。植物为了好好授粉下了不少功夫。为了把昆虫吸引过来，花瓣有着漂亮的颜色，散发出香气。但不只是这些。雄蕊和下面的蜜腺可以制作出花粉和花蜜，它们也可以吸引来昆虫。有了这些，蜜蜂和蝴蝶就会飞过来。昆虫把头深深地埋进花里面吸食花蜜的同时，沾在昆虫身体上的其他相同或不同种类的花的花粉，就会沾在雌蕊柱头上。

依靠像蝴蝶或者蜜蜂等昆虫来授粉的花叫作虫媒花。

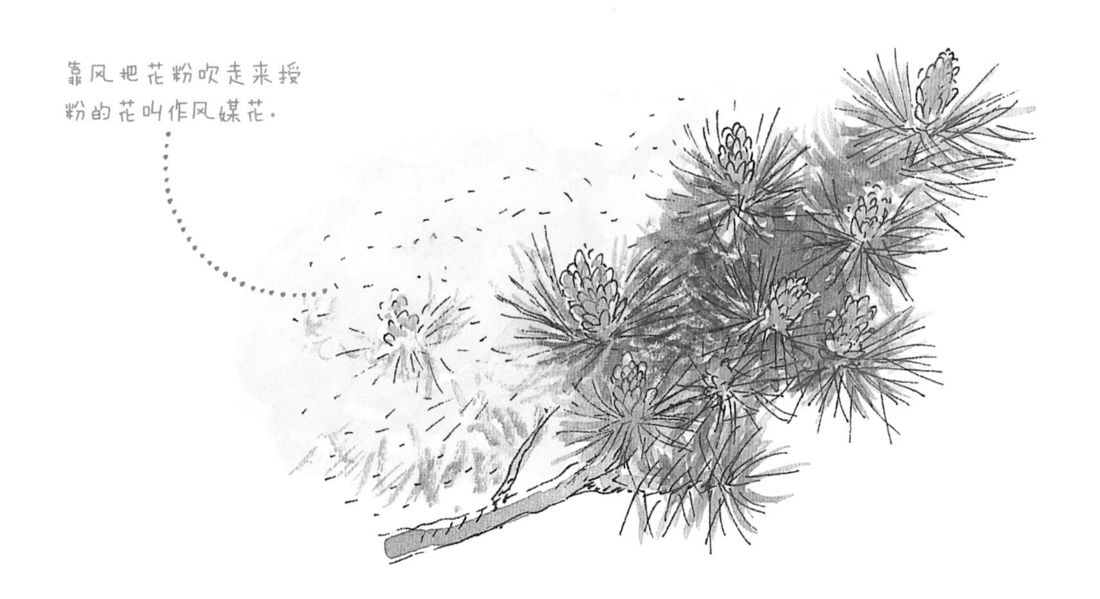

如果植物周围几乎没有昆虫，人们就会用毛笔沾上花粉摩擦雌蕊柱头。这就是“人工授粉”。

授粉方法根据植物的不同而不同。首先是通过昆虫授粉的虫媒花。虫媒花的形状和昆虫嘴的形状之间有着密切的联系。也就是说，有的昆虫只喜欢并只去找这种花。换句话说，固定的花有着固定飞来的昆虫。这样的植物有着黏糊糊的花粉或者钩子，能够紧紧贴在昆虫的身上。南瓜、黄瓜、白萝卜、白菜、桃树、梨树、苹果树等开的花都属于虫媒花。

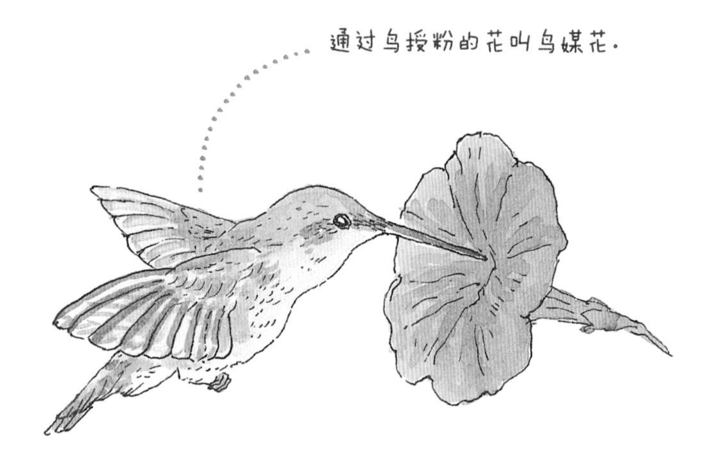

接下来是由风搬运花粉的风媒花。这样的植物的特点是花粉非常轻。像这样的植物有玉米、松树、水稻、大麦等。松树在传播花粉的时候，树下会变成一片黄色。

还有通过鸟传播花粉的鸟媒花。鸟儿来传播花粉的情况，主要在热带地区可见。比如，香蕉、菠萝、沙漠的仙人掌等。山茶树也通过绣眼鸟来传播山茶花的花粉。山茶花在寒气未消、临近秋天或春天的时候开花，此时，因为少有蝴蝶和蜜蜂出没，所以多由鸟来代替传播花粉。

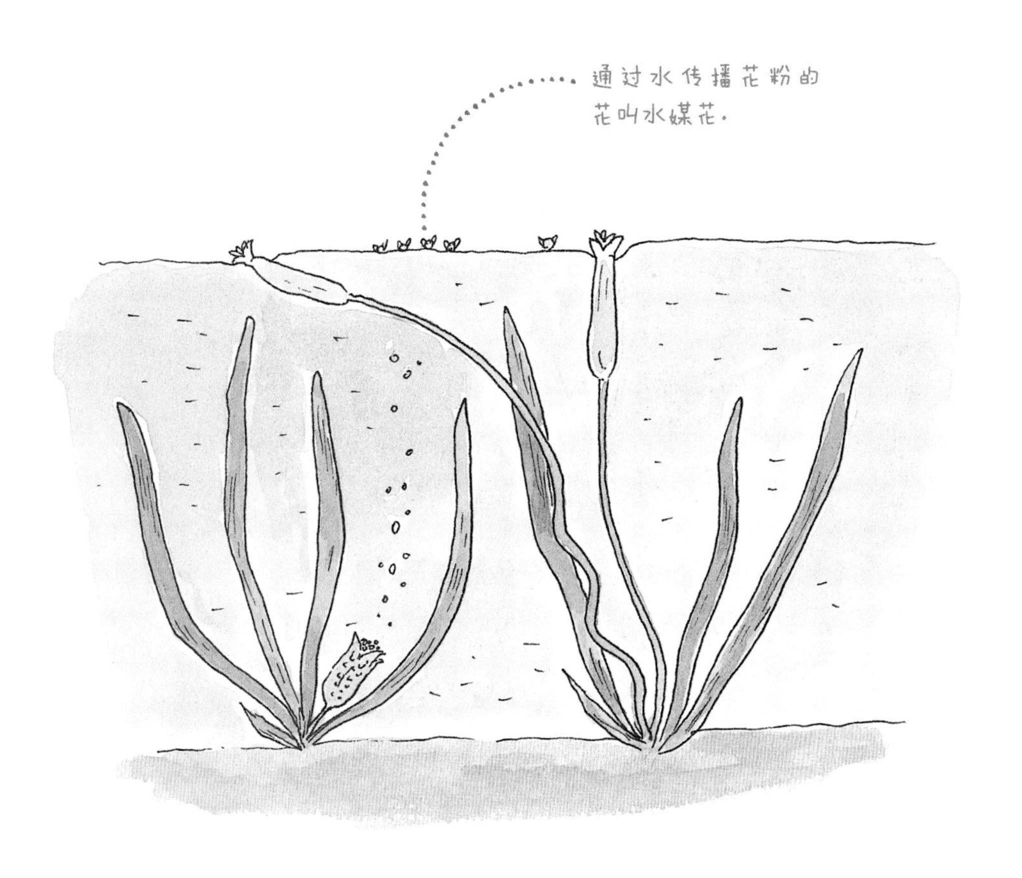

除了这些，还有通过水来授粉的水媒花。这类植物是由流动的水传播花粉。主要是在水里面生活的植物用这种方法，如金鱼藻、黑藻、狐尾藻。

一棵辣椒植株里有多少粒辣椒种子，一朵蒲公英里有多少粒蒲公英种子？
滴溜儿地转着，远远地飞，种子以各种方法从植物上掉落，在新的地方开始生长。

植物的
后代繁衍

向着新的世界

花朵开放之后总有一天会凋谢。即使这样，花的枯萎也不是一件伤心的事情，因为植物在花凋谢后，会用果实或种子留下后代。人类也是这样，有子女的话基因就会一代一代遗传下去。

将成熟的辣椒用刀切开，请试着数一数这里面有多少粒种子。一个辣椒的果皮里有多少粒辣椒种子呢？

果实的大小会有不同，一棵大的辣椒里面足足有约140粒种子。

一棵辣椒植株平均会结约70个辣椒。不用说，更大的辣椒植株能结出更多的果实。那么种下一粒辣椒种子，下一代能得到多少种子呢？如果用140乘以70，那么数字猛地一下就增长了。辣椒的子孙后代会增加近一万倍呢。这就是植物为了留下更多子孙后代而做出的努力。

新的种子尽可能在远离母本植株的地方落下并进行传播。作为子女的种子从父母身上脱落，离开去到很远的新地方扎根。因为如果只落在母本植株附近的话，不仅阴影会阻碍阳光的吸收，母本植株的根也会妨碍新植物的根生长。

如果把大树砍掉了，会发生什么呢？母本植株消失了，之前那些因为被母本植株压着而未能发芽的种子们，都会争先恐后地探出脑袋来发芽。就这样放任不管的话，这中间最强大的一株会压制其他的植株，占据有利位置。植物也有像动物一样的地位之争。

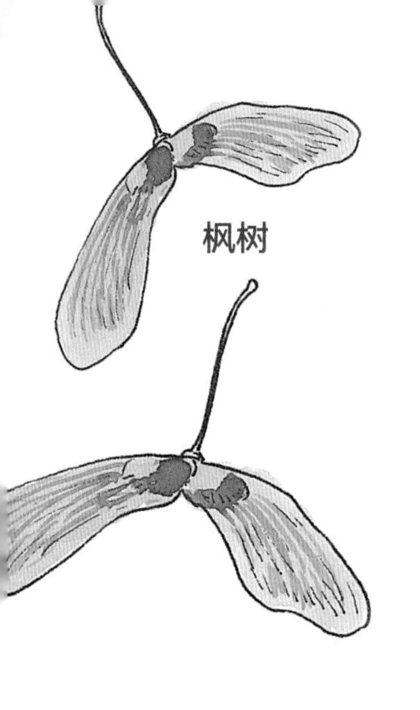

种子四处传播开，并产生下一代的方法有下面几种。

首先是随风而飞的方法。

兰花的种子因为像灰尘一样非常小，所以能够乘着风去到很远的地方。枫树的果实有两个长长的弯曲的翅膀，模样非常有趣。它也是借助风飞出去的。松树的种子也有翅膀，就像飞镖一样。翅膀旋转着，种子可以飞得离母本植株很远。蒲公英有着由花萼变形而成的羽毛形状的“冠毛”，也可以飞得很远。降落伞正是根据蒲公英的种子发

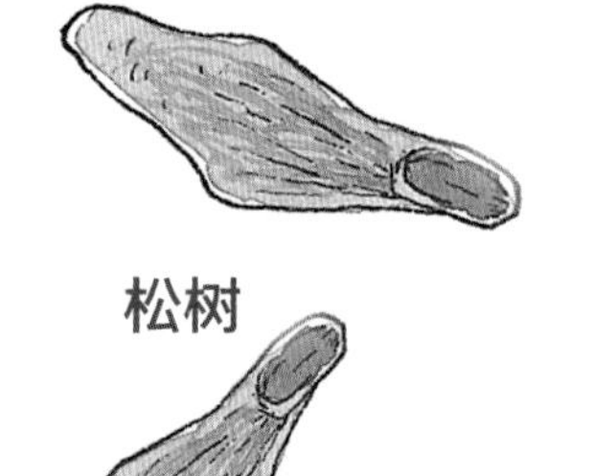

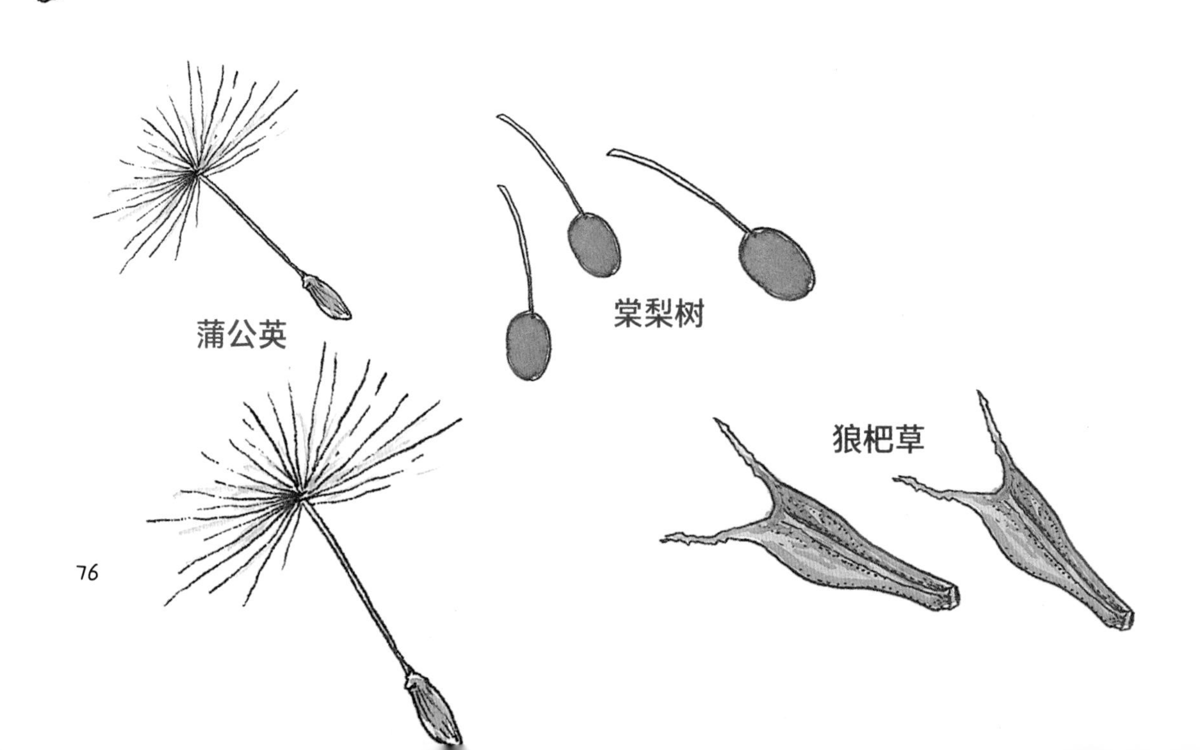

明的。

也有乘着水的。椰子就是其中很有代表性的植物。由纤维构成的椰子壳很轻，不容易渗水。椰子壳因为轻，所以能够漂在水上。还有的植物种子，是掉在山坡上后，随着雨水散播开的。

也有让动物搬运的。不用说在树林中生活的有很多毛的动物，就连日常短暂外出的小狗，毛上时常也会粘有植物的种子。小狗发现种子把它弄得痒痒的，就会把它抖下来。

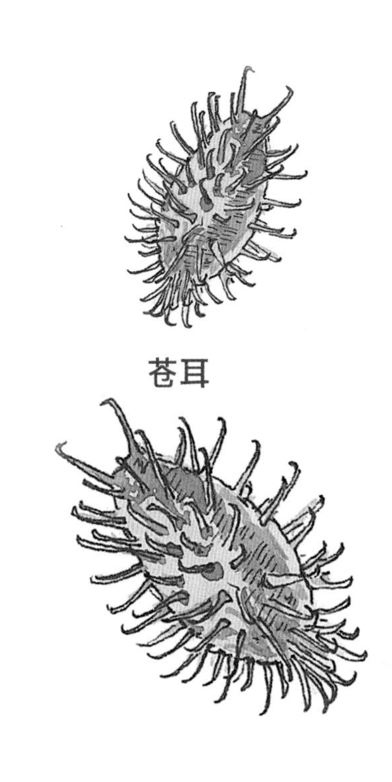

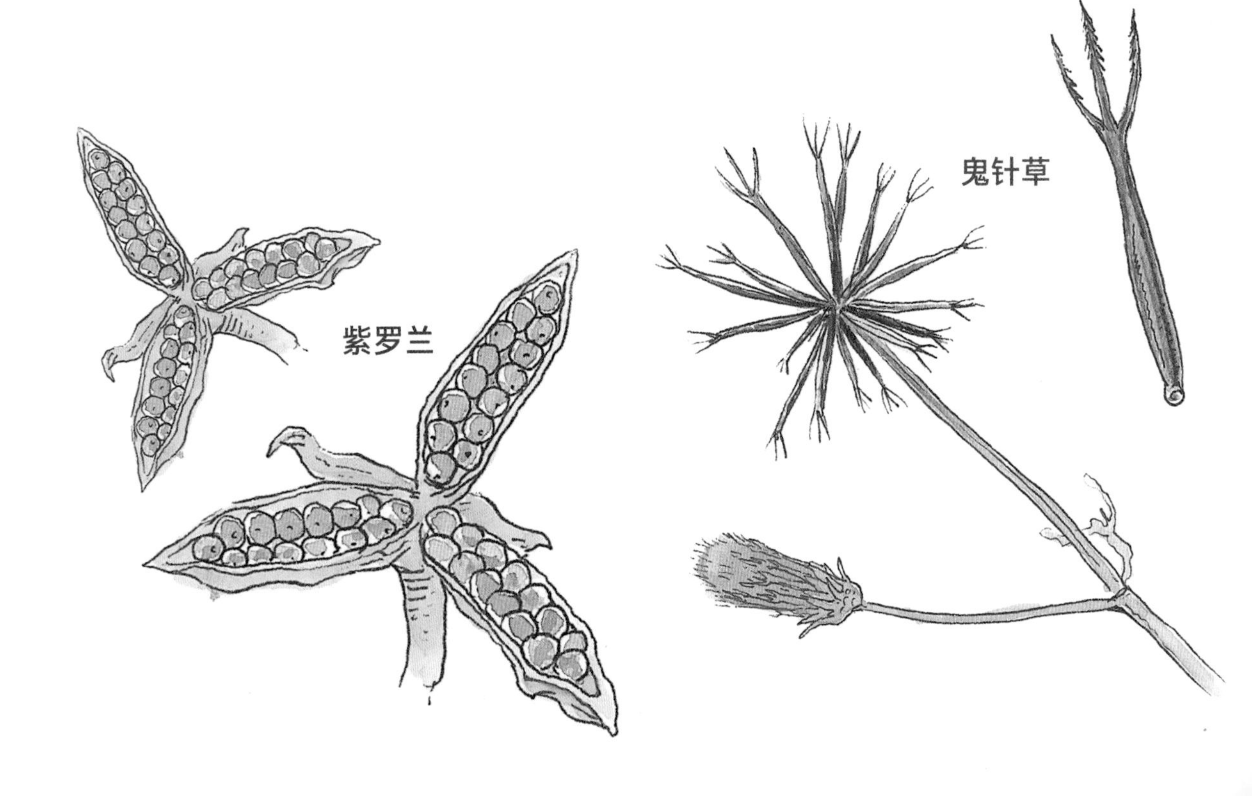

用这样的方式，种子可以从原来的地方被带到很远的另一个地方站住脚跟。果实或种子以钩子、鱼钩、刺、毛等各种各样的形态紧紧贴在动物的身体上。鬼针草、牛蒡、胡萝卜、苍耳、狼杷草等都是这样。

种子除了粘在不同的有毛的动物身上传播之外，还会被像鸽子一样的鸟儿们吃下。因为没有办法消化，最终它们会将种子和大便一起拉出来，这样种子也能得到传播。

大部分果树的叶子和茎在水果成熟之前，因为有叶绿体，所以很难区别开。但是全部成熟后，水果就会变成红色或黄色等，呈现出美丽的颜色。

这也是为了让其他动物更容易发现它们。算是植物缠着让动物赶快吃果子。只有动物填饱肚子以后去别的地方大便，种子才可以在新的地方扎根。

槲寄生的果子红红的而且很黏。吃了这个果子的鸟儿们因为大便黏糊糊的，屁股就需要在树上擦一擦。这样，树干就粘上了种子。槲寄生就是这样在栎树、桑树等的茎上扎根，吸取养分的。

还有自己把种子从果实或荚中弹出来的。具有代表性

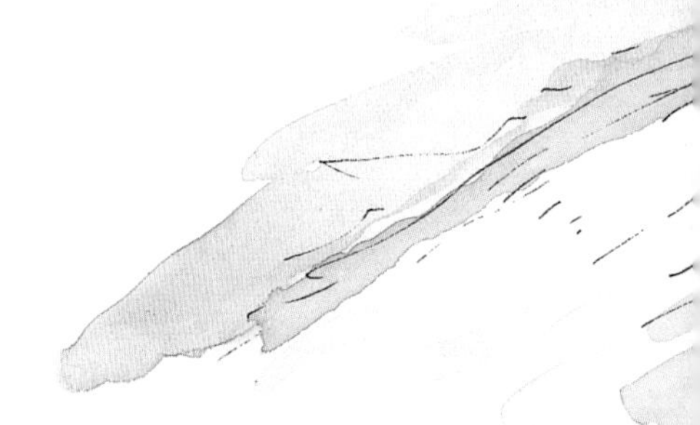

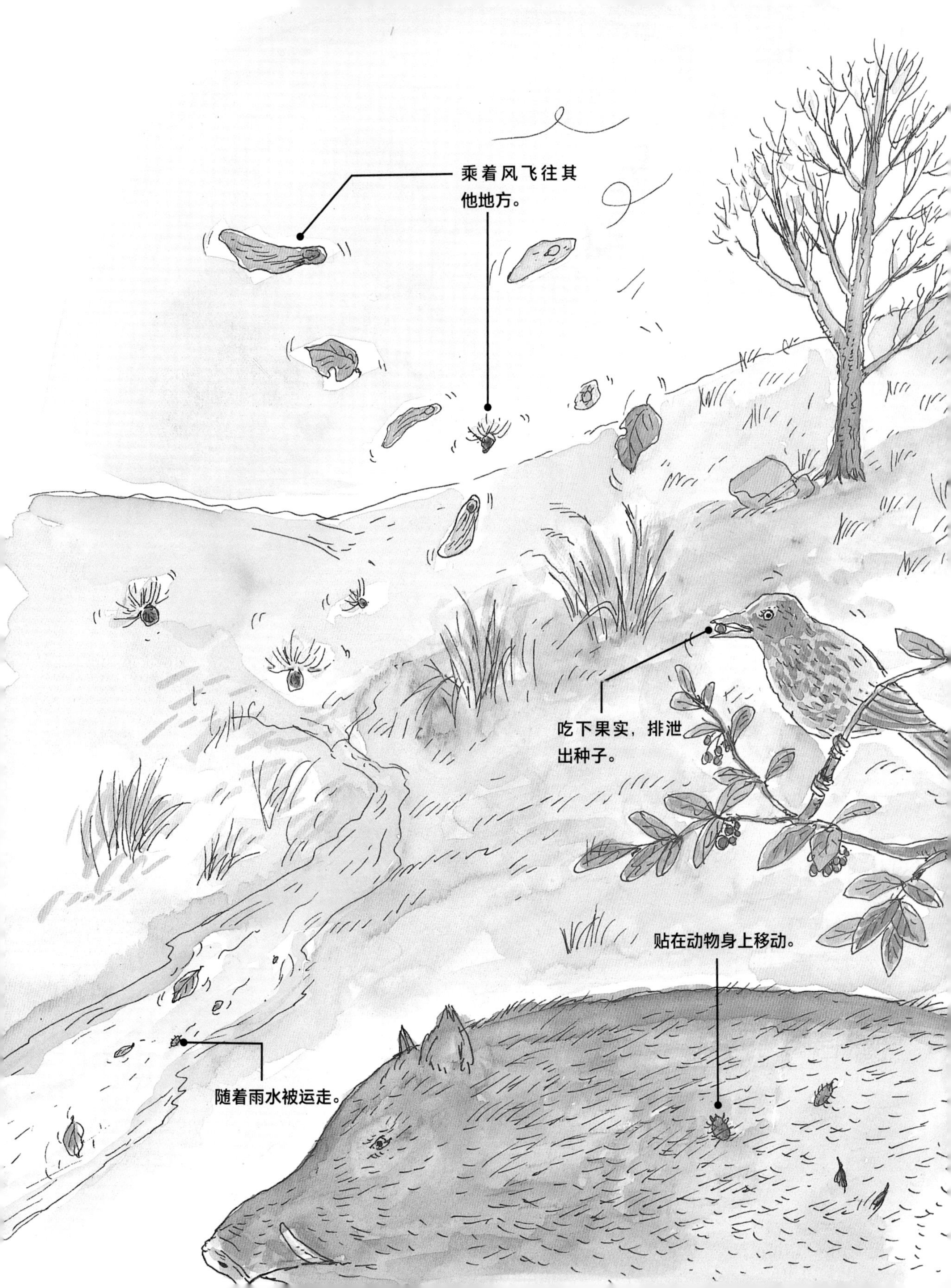
乘着风飞往其
他地方。
吃下果实，排泄
出种子。
贴在动物身上移动。
随着雨水被运走。

的植物是凤仙花。紫罗兰和喇叭花还有豆的种子也都是从裂开的荚中弹出来的。如果在太阳下晒豆荚的话，就能听到“啪！啪！”豆子从豆荚里跳出来的声音。豆荚如果变得干瘪扭曲，就会弹出来豆子。豆荚虽然不会像凤仙花那么厉害，但也会弹出豆子来。

没有要丢掉的

就像我们到现在所知道的，植物通过结出种子和果实来传播后代。植物的种子和果实成了动物的食物，也成了人类的食物。人类栽培水稻、大麦、小麦、玉米等谷物用来吃。人类是以各种方法利用植物种子和果实的高手。

能给我们提供美味的果实。
生病的时候，能做让我们痊愈的药材。
能做给我们提供温暖的柴火。
用来盖房子或者做家具的木料。

植物不仅有美味的果实，土豆、生姜等的茎和红薯、白萝卜等的根也可以吃。包括柴火在内，还有做布料、油料、木材、药材等许多的用途。植物对于我们来说既是必不可少的珍贵的资源，也是我们的邻居。

山茶的种子榨出的油可以抹在头发上，从棉花果实里采摘出来的棉絮可以做衣服，杏子可以作为水果来吃，红松的种子也可以吃，榧树的果实可以用来做杀死寄生虫绦虫的除虫剂。

除此之外，用植物来提炼药材的例子还有很多。从红豆杉中提炼的抗癌剂，从银杏叶中提炼的促进血液循环的药剂。要举例的话，是举不完、举不尽的。当然从动物那里也能获得许多天然药材。

植物给人们提供了吃的和用的，还提供了药材，与此同时，它们的子孙后代也从中得到了收益。人们为了吃费尽心思，因此植物不用担心死掉或绝种。因为不用担心如何大面积散播子孙后代，所以对于植物来说也是好事。

只要人们生存，就一定会种水稻或者大麦，种植杏树或苹果树。

因此，植物和动物都是很宝贵的，不应该随意采摘和捕杀，必须要好好栽培和保护。特别是其他国家没有的，只生活在我们国家的动植物，是我们珍贵的财产。

蒲公英种子的飞行

前面我们已经学习过植物传播种子的多种方法。这其中，人们通过看到蒲公英种子的飞行，发明了降落伞。蒲公英种子被风吹走的方法是大自然的一个奥秘之处。

一朵蒲公英是由许多小小的合瓣花聚集形成的。蒲公英长长的花茎末端开出许许多多黄色的花，每一朵花都会结出果实。我们一般会习惯摘下一朵蒲公英，对着它呼一口气把它吹散。但是如果我们不吹它，试着数一数上面挂着多少果实，那么这就是一种对科学的探索。

当然，根据每一朵蒲公英的不同，果实数目也是不同的。有超过100个的，也有不足100个的。在向着天空吹走它之前，先仔细地数数看吧。从这样一个小小的行动中也可以培养出科学的态度。

接下来再摘下一个果实，仔细地观察。下面长着种子的长长的果实，贴在长长的柄上。可以看见它的末端有着许多柔软的绒毛。

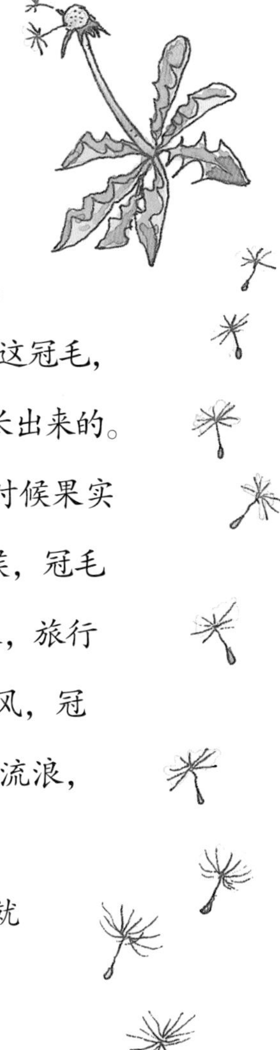

好像是从天上下来的降落伞的蒲公英绒毛，是花萼的变形，像头发一样，叫作冠毛。这冠毛，不用说也可以知道，是为了能远远地飞走而生长出来的。

蒲公英果实很容易受潮。因此，下雨的时候果实的冠毛就会闭合上。天气转晴而且干燥的时候，冠毛就会重新展开。即使是微风也能让冠毛飞起来，旅行到很远的地方。如果遇上的不是微风而是强风，冠毛可以飞到几百上千米远的地方。它们四处流浪，去往出生后一次也没去过的新地方。

就这样飞走了，撞到什么地方，冠毛就掉下来，种子也就落在那个地方。如果掉落的地方泥土、水、温度、空气都合适，蒲公英就会在那里重新开放，创造一个自己的世界。

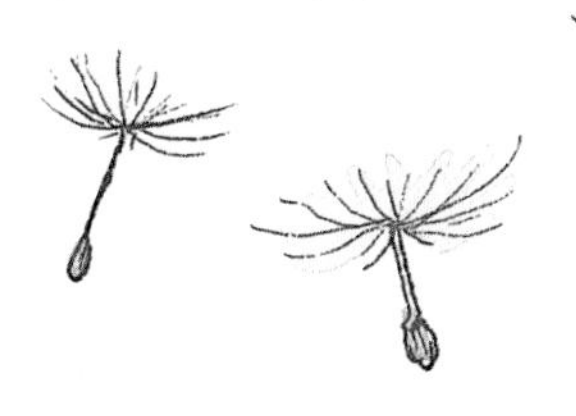

写在后面

说到小草或树，大家最先想起的是什么呢？也许会想起有着华丽颜色和模样的花。但是花只是作为植物的一部分，为了传播后代而绽开，不是植物的全部。所有生物都是这样，植物也是结出果实后大面积地传播后代。因为这是生命最大的目标。

请仔细观察一下，每天往返于学校和家的路上，那些没有注意到的事物。常常看见的、闻到的东西可能不觉得有什么，但是近距离仔细观察的话，一切看起来都会不一样。

草和树木，我们只是去看它们一眼，它们就会随风起舞。如果能有兴趣把它们的名字一个一个叫出来，那就已经有了一颗探索科学的心。对于科学，最重要的是有一颗好奇心。让探索科学的第一步从仔细观察开始吧。请给予包括人类在内的所有动物生存的基础——植物，以更大的关心及爱护吧。

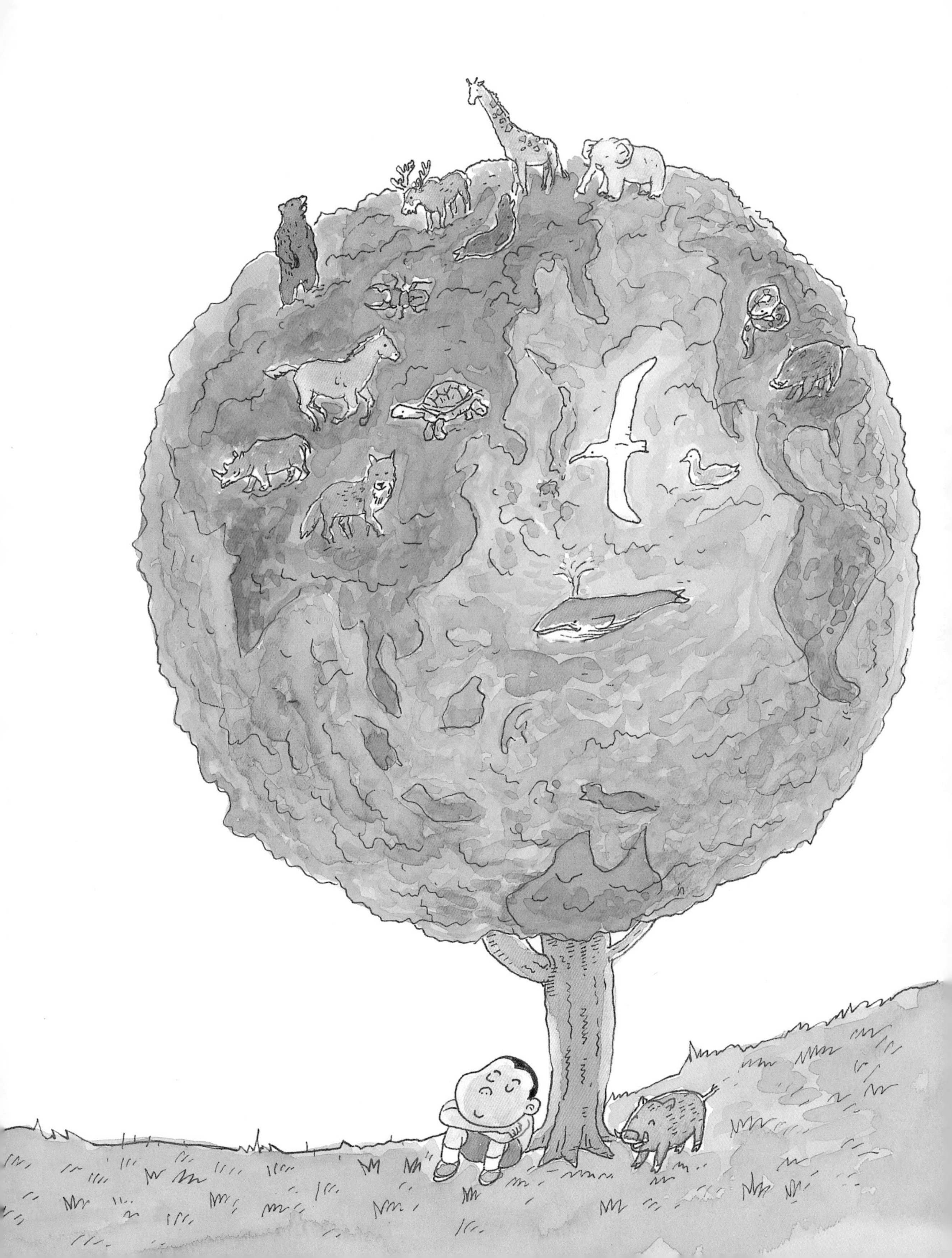

附录
一眼就能看出的
植物长相与分类

植物是这样长的

大部分的植物是由叶子、茎、根等构成的。叶子、茎、根中的哪一个少了都不行。它们专心做着各自的事情，让植物可以健康地活着。

叶子

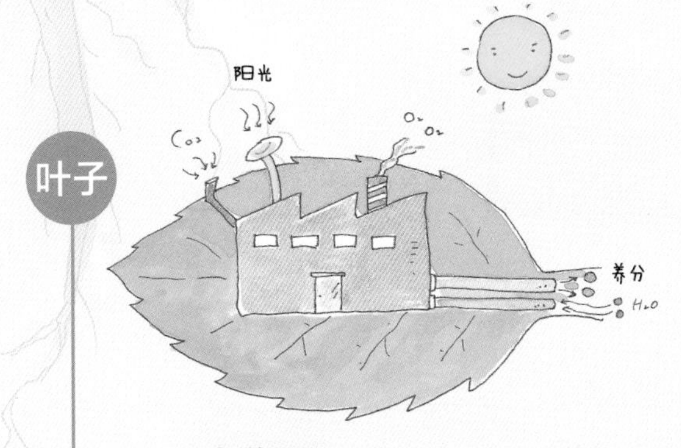

光合作用

叶绿体从太阳那里接受到光能。利用水和二氧化碳制造淀粉和氧气，这就是光合作用。

蒸腾作用

进行光合作用就需要水。蒸腾作用的其中一个作用就是把水从根吸收上来到达叶子里。因为植物的蒸腾作用会通过叶片的气孔，把水排到空气中，所以为了补充水分，就需要水从根部通过导管到达叶子。另外，把水排到空气里让叶片温度不会上升太高，这也是蒸腾作用的意义。

茎

给予树木稳固的支撑。

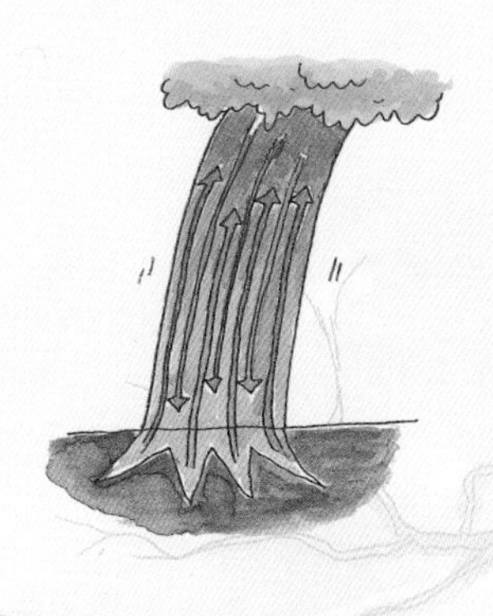

养分和水输送的路。

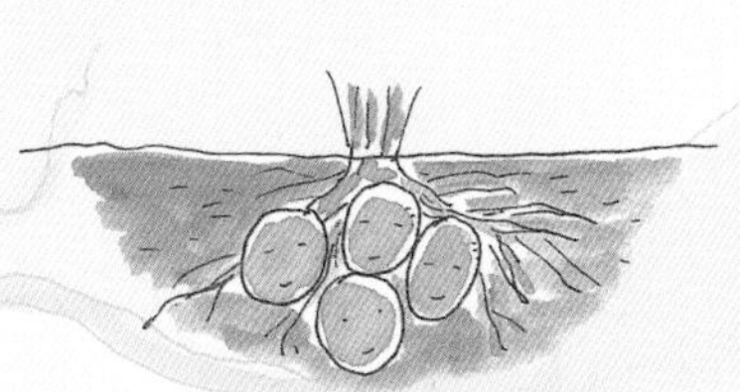

储存养分。

根

让植物可以更好地站稳。

吸收水和无机养分。

储存养分的仓库。

植物的分类

植物	有花植物（种子植物） 花开了就会以种子的形式繁殖。	被子植物 胚珠被子房包裹住，在外面是看不见的。	双子叶植物 网状脉　规则的维管束　直根
			单子叶植物 平行脉　不规则维管束　须根
		裸子植物	没有子房，胚珠暴露在外面。
	无花植物（裸子植物） 不开花，以孢子的形式繁殖。	羊齿类植物	也叫蕨类植物。在潮湿的地方能生长得好。
		苔藓类植物	由能区分出茎和叶的叶状体和假根构成。
		藻类	在水中生活，叶、茎、根没有区别。

如果没有植物，包括人类在内的动物都没有办法活下去。
植物是动物的食物，同时也为动物提供呼吸所必需的氧气。
从一棵经历数百年来长成的合抱大树到一棵无名的小草，大家知道这么多的植物应该怎样分类吗?

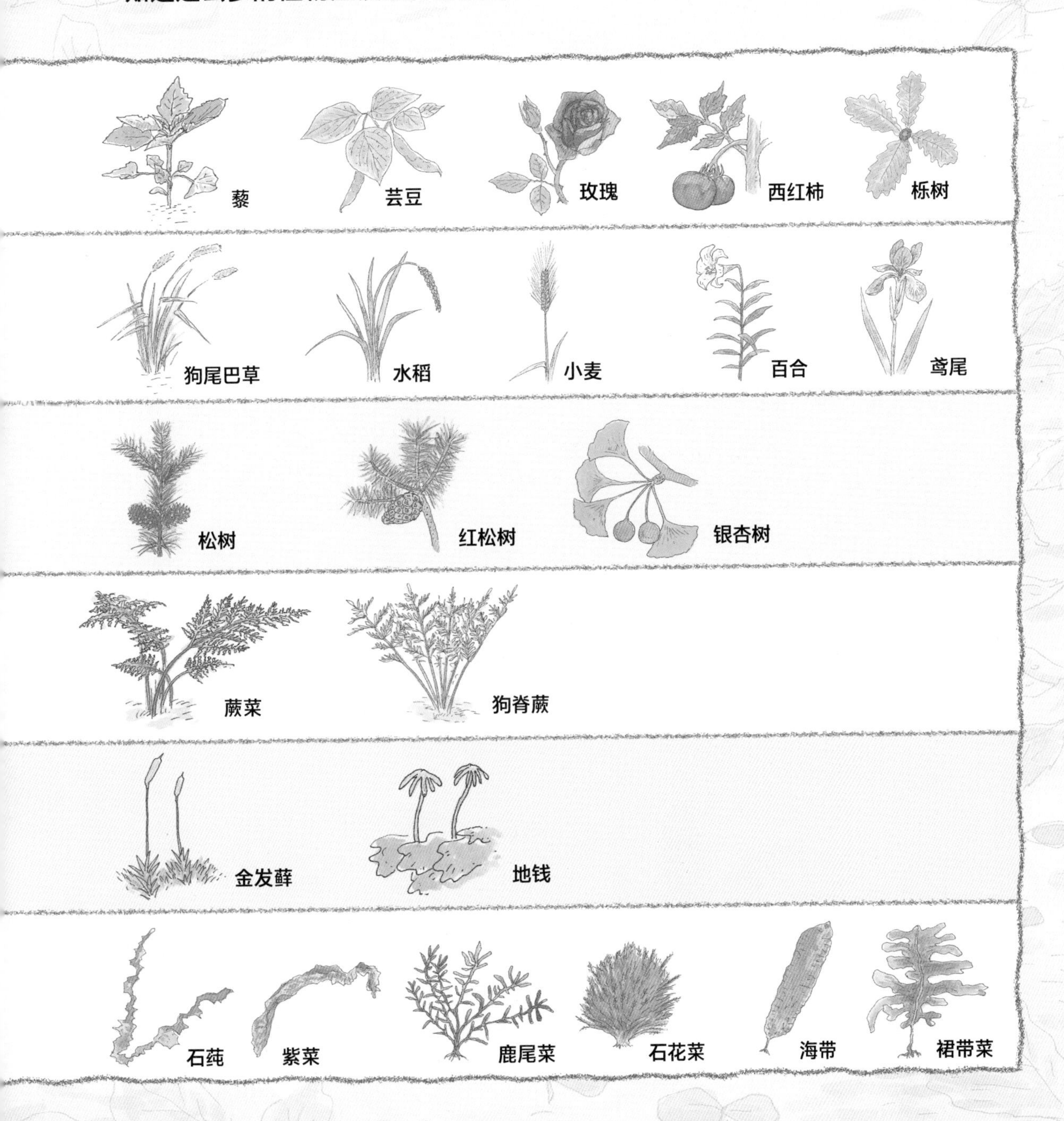

从种子到森林①

〔韩〕权五吉 著 〔韩〕黄京泽 绘

窦全霞 译

中国出版集团 东方出版中心

图书在版编目（CIP）数据

植物的魔法旅行 /（韩）权五吉著；窦全霞译．—
上海：东方出版中心，2020.12
ISBN 978-7-5473-1731-0

Ⅰ．①植… Ⅱ．①权… ②窦… Ⅲ．①植物—儿童读
物 Ⅳ．① Q94-49

中国版本图书馆 CIP 数据核字（2020）第 227442 号

上海市版权局著作权合同登记：图字 09-2020-376 号

植物的魔法旅行

著　　者　〔韩〕权五吉
绘　　者　〔韩〕黄京泽
译　　者　窦全霞
组　　稿　江彦懿
责任编辑　杨　帆
美术编辑　陈绿竞

出版发行　东方出版中心
地　　址　上海市仙霞路 345 号
邮政编码　200336
电　　话　021- 62417400
印 刷 者　上海中华商务联合印刷有限公司

开　　本　787mm × 1092mm　1/16
印　　张　13.25
字　　数　52 千字
版　　次　2021 年 1 月第 1 版
印　　次　2021 年 1 月第 1 次印刷
定　　价　58.00 元

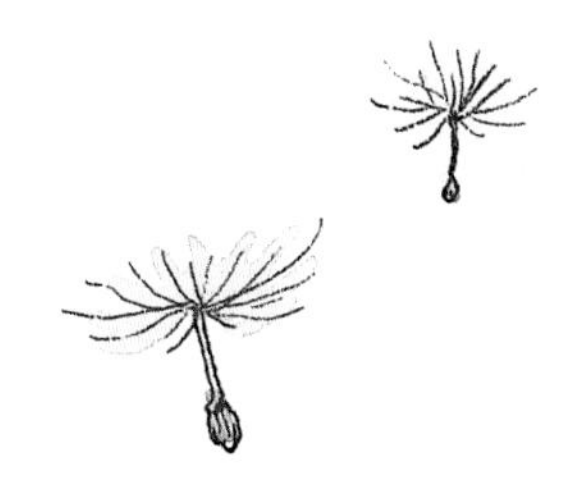

作者寄语

有些人认为科学和我们的日常生活没有关系，认为两者似乎是两码事。并且认为学习科学知识是很难的、呆板枯燥的。因此，我为了拉近人们与科学的距离，长期从事科普书的写作，推广科学生活化，生活科学化。我主要在生物学的专业领域为成人和青少年写读起来简单易懂的文章，也出版了几本儿童科普书。我希望出版更多更加有趣的、让孩子们和科学能够更容易亲近的儿童科普书。特别是，我觉得把科普书的基础知识更加简单、更加贴切地告诉孩子们这一工作非常有必要。希望通过读书，让学习科学这件事可以变得更加简单、快乐。

经过对教科书的长期研究分析，在苦恼地思考了很久该如何降低教科书和科学主题的难度之后，我写了这本书，让许多科学知识能够更加容易和有趣地学习，并且符合教

科书内容。

希望这本书不再让科学显得如此遥远，可以带领孩子们走向身边的科学、生活中的科学、简单易懂的科学。

《植物的魔法旅行》讲述的是关于我们日常生活中可以看到的植物的故事。不仅描述了叶、茎、根、花、种子和果实的形态、作用，还对植物从种子发芽到汇聚成森林的一生，进行了有条不紊的细致说明。

无论是什么事物，当人们了解它之后，会觉得它看起来更加有魅力、更加惹人喜爱呢。等看完这本书之后，期待大家对周围的植物能产生更多的兴趣，并试着在周围去找一下这些植物吧。

江原大学名誉教授　权五吉

本书的构成

目录

如果好奇是否有教科书中的内容，就请打开目录看一看吧！

本书整理了从一年级到六年级教科书中大家需要掌握的知识内容，并根据相关主题划分各章节，以便大家能很快找到想要了解的内容。当大家在阅读教科书的过程中出现疑问时，可以打开目录翻到自己想要查看的那一页。

正文

在进行趣味阅读的同时，自然而然地学习到一个个植物知识！

生物学博士用生动的文字讲解枯燥的科学知识。在顺畅、有趣地阅读的同时，可以全方位、系统地理解和学习科普书中出现的部分生物科学知识。

自然地衔接中学课程！

中学的科学课程学习与以活动为主的小学科学课程学习不同。随着概念说明的增加，中学科学课程学习会变得越来越难。而本书牢牢地抓住了概念说明和知识体系，能够帮助各位小读者很自然地适应中学科学课程的学习。

更丰富的科学信息和更广泛的科学知识！
正文中包含了需要更加深入、广泛了解的内容。细致的图画是很好的学习资料，有深度的内容会成为优秀的科学引导。
信息
附录
一览无余的图片资料！
通过这些一览无余的如同海报一样的图画、图表等附录内容，可以更好地增强学习效果。通过图片，大家还可以把阅读过的内容再回顾整理一遍呢。

目录

前言

如果我们环顾周围，会发现有会呼吸的物体，也有不会呼吸的物体。我们管活着的物体叫生物，而没有生命的物体叫非生物。生物又分为可以四处走动的动物以及停留在原地的植物。

另外，大家应该见过在树上生长的蘑菇和面包片上的霉点吧。类似这样的菌类，以及用肉眼看不到的细菌、病毒等，都被统称为微生物。所以，生物是由动物、植物、微生物构成的。

在这里主要跟大家讲一下关于植物的故事。植物和动物有很多的不同之处。 动物可以移动，随心所欲地去想去的地方，植物却不能去任何地方。

此外，动物为了觅食，全身的感觉器官很发达，但植物却不是那样。这也是它们的一大不同之处。

另外，植物中，特别是绿色植物体内有“叶绿体”。一方面，它们利用这些，自己进行光合作用，制作营养成分，这一点和动物不同。另一方面，植物一般通过最下面的根部吸收地里的养分或水。但是，动物却用位于身体上方的脸上的嘴进食。动物与植物吃饭的地方正好相反。希望大家能像这样一边思考植物和动物的不同点，一边来阅读这本书。

有植物的地方，一定有动物；没有植物的地方，一定不会有动物。因为植物是动物的食物。人也是，没有植物就无法生存。由此可见，植物是给动物提供营养的自然之母呢。

那么从现在开始，让我们一起走向大自然的母亲——植物世界吧！

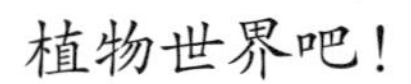

植物是这样生存的

今天吃什么呢?
这是谁都会苦恼的事情。不吃饭就不能活下去，植物也没有什么区别。植物通过阳光、水、空气这三样东西来制造养分，进行生存。接下来我们来看一下植物的不同器官和植物的一生吧。

较为适合繁殖后代的植物的身体

世界上的所有生物都会经历出生、长大、繁殖后代，然后离开这个世界的过程。这个世界上的所有生物一旦出生必定迎来死亡。虽然有的可以存活很久，但没有永生的生物。

生物从出生到死亡为止的日子就叫作“一生”。

植物的一生有多久，这取决于植物的种类。像松树和榉树，可以活上几百年，而有些树木则只能活一年。

现在，让我们来了解一下植物吧！

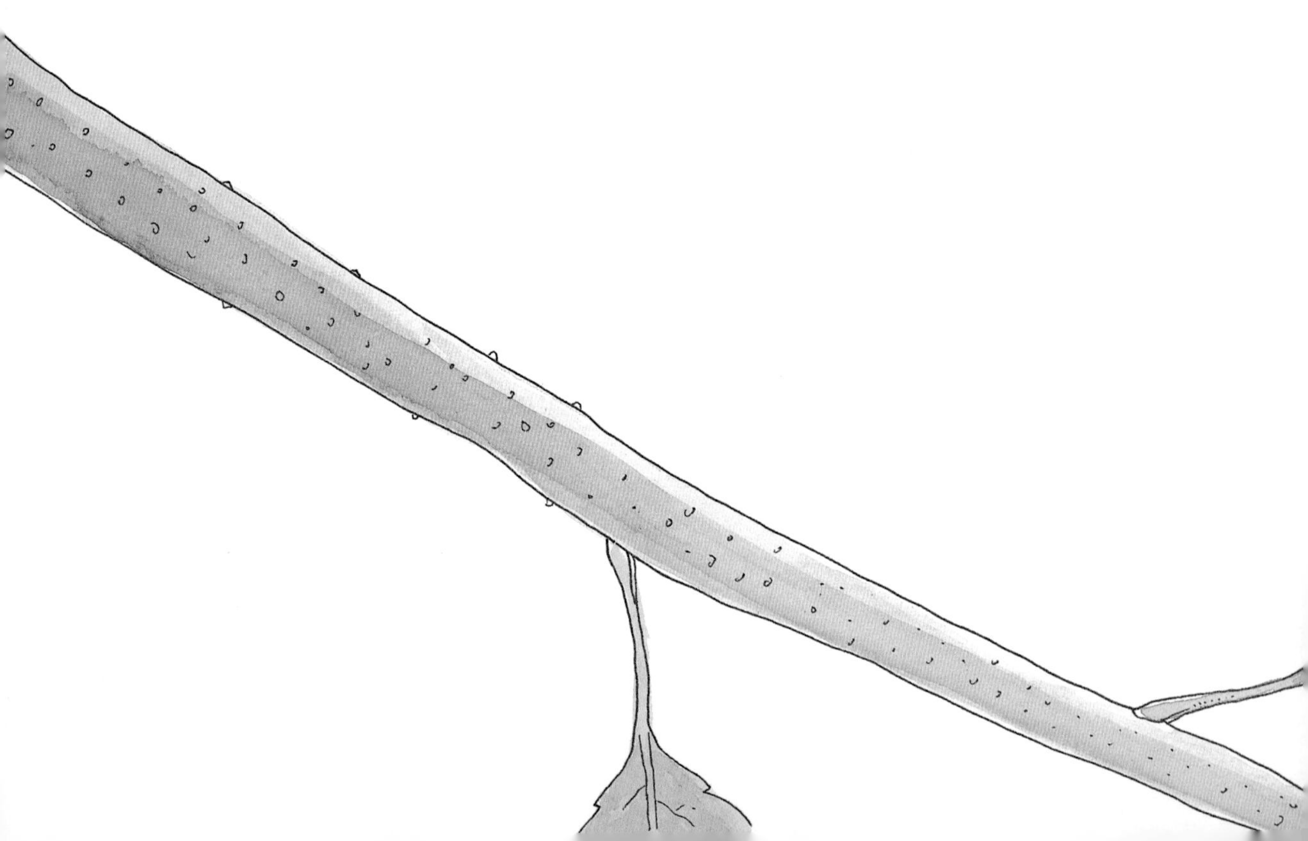

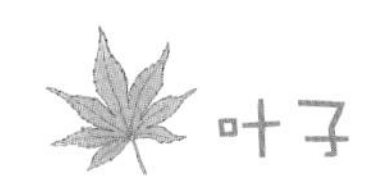

叶子

叶子又常被称为绿叶。叶子里含有可以接受阳光后进行光合作用的小颗粒。这个颗粒叫作“叶绿体”。叶绿体里面的色素叫作“叶绿素”。

叶子到底会做些什么，后面我们会详细了解。现在我们要记住最重要的光合作用这一点。

光合作用是指植物在阳光照射下制造身体所需的营养成分的过程。

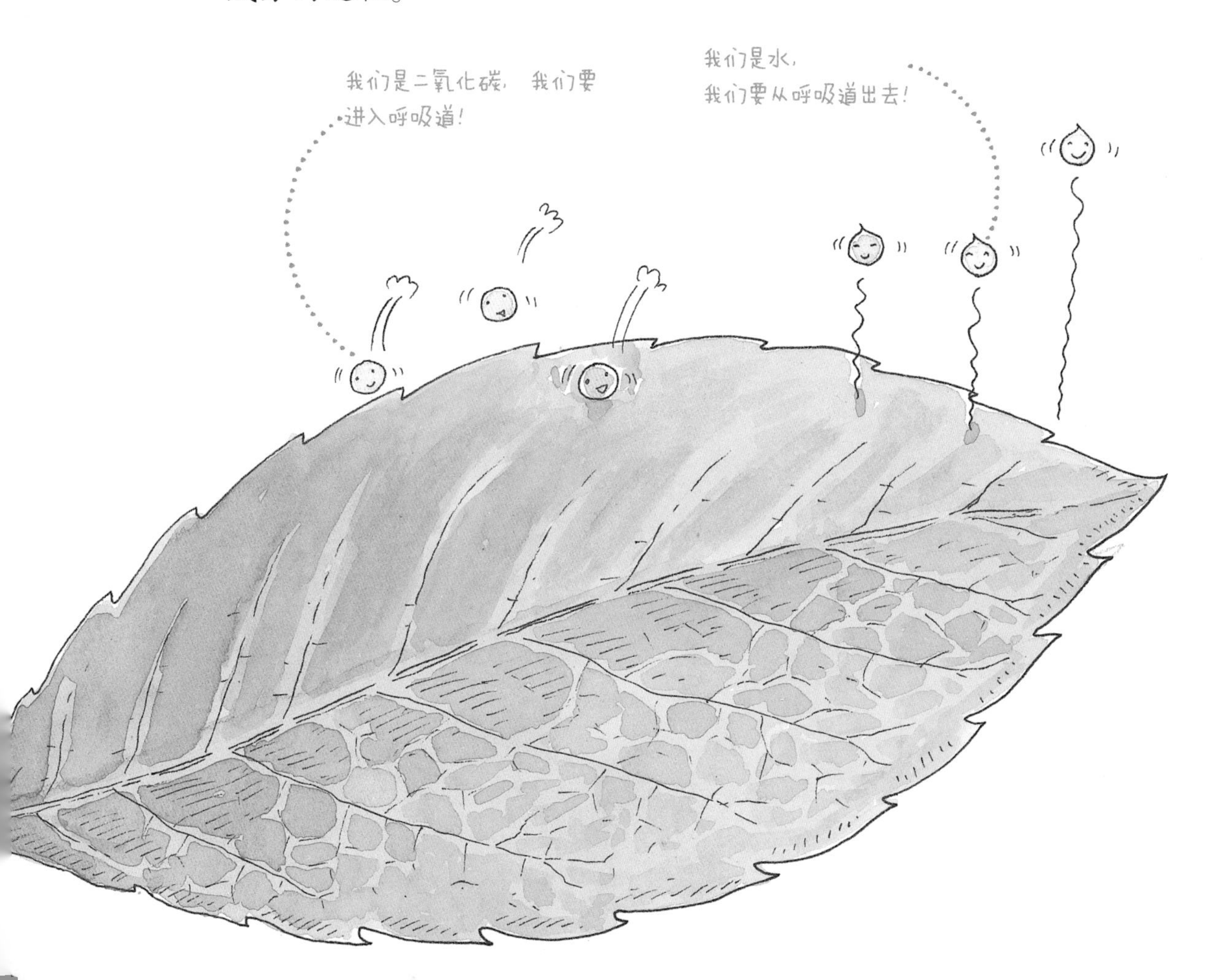

叶子的背面有许多个我们肉眼不可见的小气孔。这些气孔是空气进进出出的通道。植物通过根来吸取水和营养成分，但在光合作用时，一定要把所需的二氧化碳吸进叶子才行。像这样，叶子要做的事情很多。这样看来，植物与动物不同，可以说是有两张“进食的嘴”，一个就是叶子，一个是上面说的根。

叶子做的事情中最重要的是光合作用和蒸腾作用。

就像前面所说的，光合作用是指叶绿体在阳光下将二氧化碳和无机养分转换成有机养分。无机物是我们肉眼看不见的，并且不能为人体提供能量。我们身体需要，但它本身又不提供能量的东西有哪些呢？是的，像我们呼吸的时候需要的氧气，或者口渴的时候喝的水。

人光靠呼吸和喝水，是活不下去的，因为空气和水不提供能量。没有能量，不长肉，长个子也很难。同样地，植物也需要能量。所谓有机养分，也可以说是无机养分在阳光的照射下，转化成可以提供能量的养分。

另一方面，蒸腾作用是使植物中水的含量不能太多或太少。

每棵植物的叶子都尽量多晒太阳，以达到光合作用的目的。所以无论是宽阔的悬铃木树叶，还是窄窄的松树叶，都向着阳光伸展。阳光温暖的时候，可以看看家里的花盆，是不是好像听到叶子在小声说：“给我阳光”？这时候，如果阳光照得少，叶子为了获得更多的光照，叶面会变宽变薄；反之阳光照得比较多的话，叶子会变厚变窄。

蒸腾作用是把叶子里的水蒸发到空气中的意思。

茎（树干）

天气热得地面都干裂的时候，你希望下一场能出现“雨帘”的凉爽的雷阵雨吧？这里的雷阵雨的“帘”和植物的“茎”是不同的，又是相似的。雷阵雨的“帘”也是排成一排的样子，跟植物的茎特别像。

如果把脚踏入高耸入云的森林中，就会看到树木一棵棵笔直地站立的样子，让人赞叹。像这样，草和树干笔直朝上向天空延伸，而且尽可能地延伸到高处，是它们想一直延伸够到天空吗？就像童话中出现的杰克的豌豆树一样？

树与旁边的树朋友，像是怕被接触到，会彼此避开往上延展。去松树林之类的地方，可以看到茂密的松树高高伸展，为什么会这么高呢？

想要再多一点阳
光，就这样变成了
大长腿。
明明和我同岁，
怎么那么高呢？

那是为了能多晒一点阳光。若是被旁边的树遮住阳光有树影的话，树干就会为了寻找阳光，彼此更加伸展，结果树干就伸长得那么高。正如人也是这样，独生子或独生女的行为和样子，和兄弟姐妹很多的人会略有不同，同样，同一种类的植物，独自成长和在众多同伴之间成长有着很大的区别。

树干的作用是把水和无机养分从根部吸收到叶子里，还有把叶子里制造的有机养分再送到根部的通道。所以，树干必须结实，才能长很多新鲜的叶子；有很多的叶子才能制造很多的养分，使植物的整个身体都变得结实；身体结实的话，自然能结出好看的花和很多的果实。

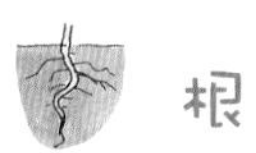

根

深挖的泉水，不易干涸；根深的树，即使刮风，也不会轻易动摇。根所做的事是把植物牢牢固定在地底深处，让植物不会因为风雨而轻易地被连根拔起或刮倒。还有就是吸收泥土中的水和无机养分。

有趣的是，生活在水中的植物，因为用整个身体吸水，所以根本没有根，或者根系并不发达，这也是事实。而相反，在阳光强烈、水源不足的沙漠里生长的植物，根在地底下扎得很深，远远超出了我们的想象。这是植物为了寻找在干涸沙漠的不知某个地方的一滴水而拼命挣扎。

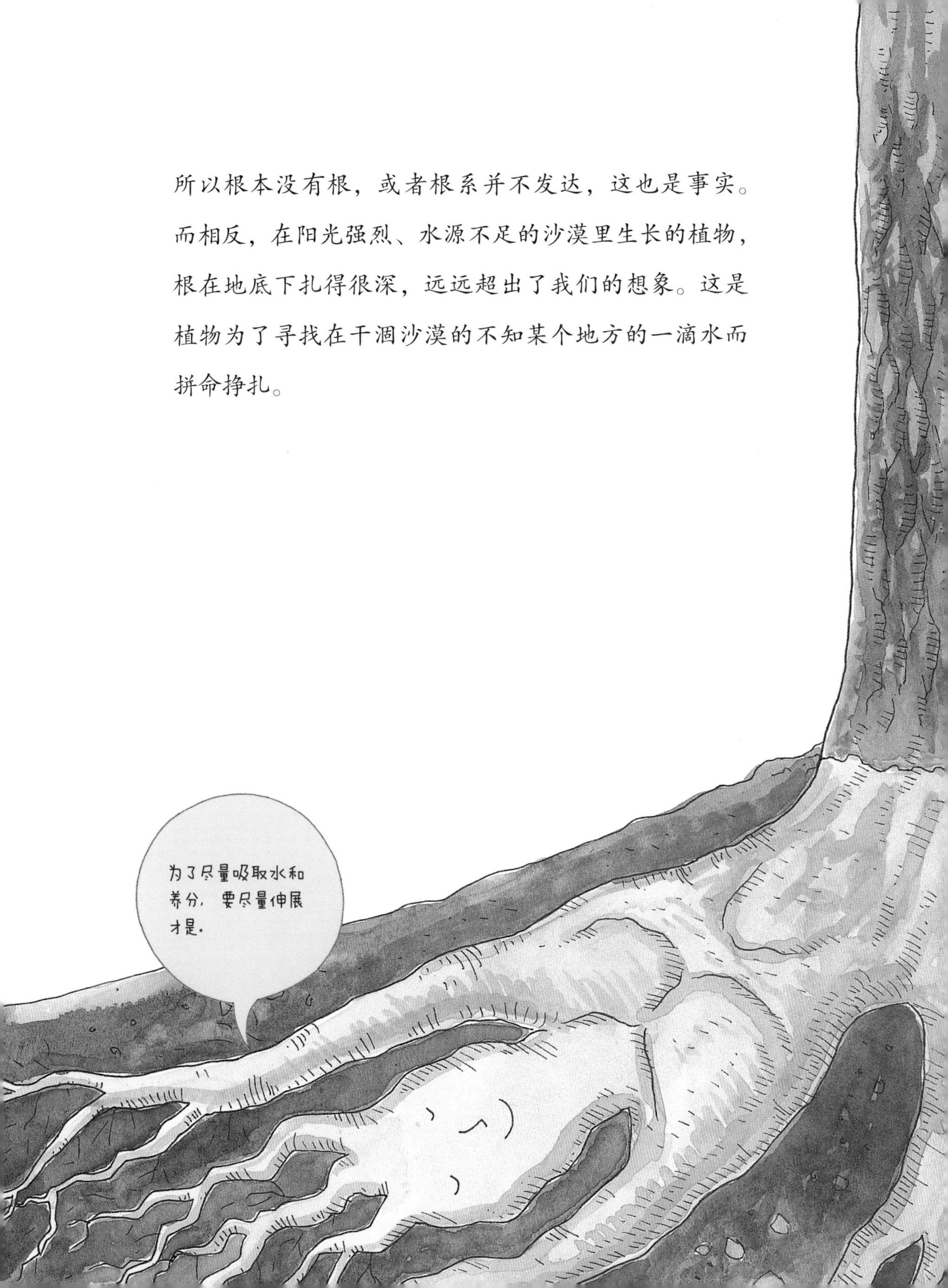

花

并非所有植物都开花。有些植物是在开花后结出果实，也有些不是这样。

开花的植物要被采花粉，采花粉又称作“授粉”。授粉就是把其他花的花粉粘在雌蕊柱头而使之结果，这是让植物能够繁殖后代做的一个最重要的步骤。授粉需要像蜜蜂或蝴蝶这样的昆虫的帮助。有时也会是风、水和鸟提供帮助。

要知道，花并不是只靠自己就能绽放，叶子和茎还有根部都必须结实，植物才能开出又好又招人艳羡的花。这样绽放的花，才能结出优质的果实和种子。

种子

人们种植庄稼的目的是收获果实，但是不仅仅局限于此。庄稼通常种一次，收一次，如果只为得到一次果实的话，之后就不会再有果实了。

那么，之后又如何才能结出果实呢？答案就是要靠种子。吃过果实后应该留下种子。植物的生存目的就是留下这些种子。

植物想让自己的种子传播得更多，更远，这就是植物来到地球的原因。但是一辈子待在一个地方的植物，怎么能把种子传播得更远呢？

为了让自己的后代走得更远，植物也会想尽各种方法。凤仙花在果子成熟的时候，就会炸开，把里面的种子像弹簧一样甩出来，让它飞到很远的地方去。枫树的果实有两个薄膜状的翅膀，果实里面中间部分有种子。枫树的果实在成熟了之后会分成两半，凭着翅膀，枫树的果实会随着风，像飞车一样飞得更远。苍耳果实的外面有钩状的刺，鬼针草像针一

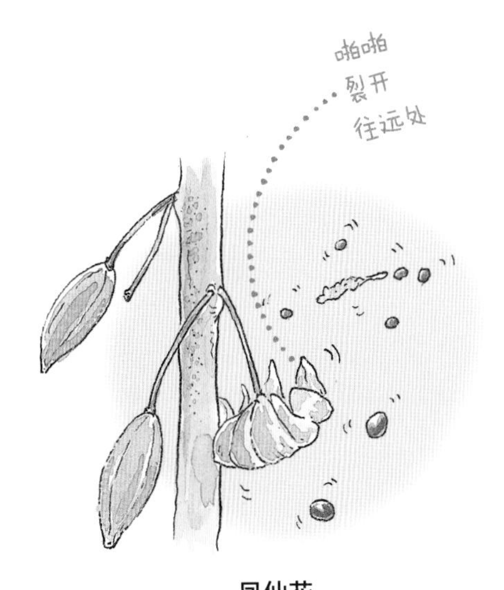

凤仙花

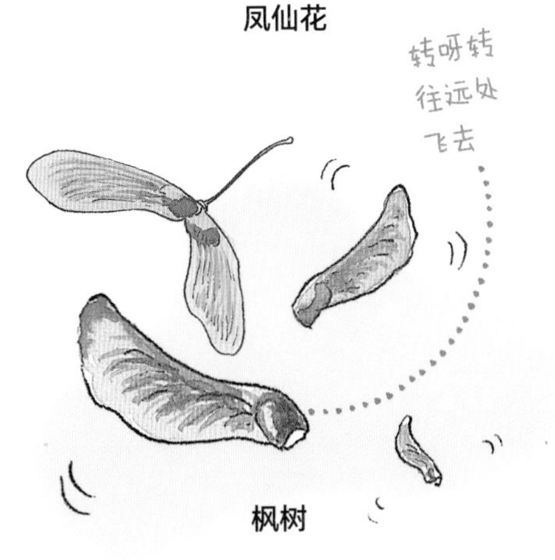

枫树

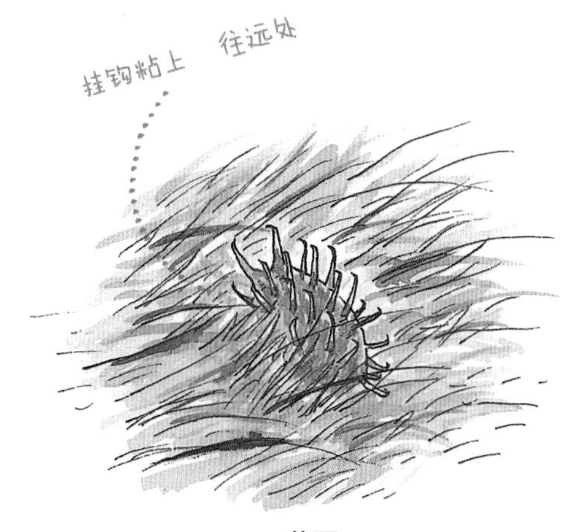

苍耳

鸫鸟吃了堂梨树的果子后，飞走去拉屎。当粪便里的种子发芽时，就会又长成一棵小堂梨树。

样的果实一端有刺，所以很容易粘到动物或人身上。这些植物是靠粘在动物和人身上移动，到新的地点来传播种子的。

我们周围最常见的能移动的种子，就是蒲公英种子。在温暖的春天，会看到有很多像绒毛一样的蒲公英冠毛飞走的身影。在柔和的微风吹动下，飞得很远，每一个种子身上都挂着一个绒毛组成的降落伞。

果实

虽然有些植物只结种子，但结果实的也很多。结出果实，也是植物传播种子的目的，因为果实里一定有种子。

这些结出果实的植物，比只结种子的植物更容易繁殖。动物吃果实的话，里面的种子无法被消化，所以在排便的时候会被排出来。动物是四处移动的，因此种子会离开原地，到远处发芽。

另一方面，如果果实自动掉落，果肉就变成泥土中的养分，滋养植物。

很多植物努力结出的果实，会被我们和动物摘来吃。植物会感谢我们这么做，或者欢迎我们这么做。因为这样可以将它们的种子传播开来。

用芸豆来了解植物的一生

让我们挑选一些有代表性的植物，来了解植物的一生吧。如果想进行这样的观察实验，首先要选容易从周围获取的种子，而且种子要比较大，这样在种下种子后进行观察就很方便。所以我们选择观察的植物就是芸豆，学名叫菜豆。

在我们观察芸豆是怎样生长之前，先看一下芸豆是一种什么样的植物吧。芸豆属于豆科植物，是一年生植物，花的颜色也因种类而异，有白色、红色、浅粉色和黄白色。

芸豆的形状好像是人体内的器官——肾脏。芸豆是攀缘植物，叶轴上有3片小叶，排列成羽毛状，称作羽状三出复叶。根据品种不同，花朵和果实的颜色也不同。

芸豆是有花植物和双子叶植物，开漂亮的花朵，花凋谢过后会结出果实。果实里有好几颗种子，而这个种子则又会长成一株芸豆。

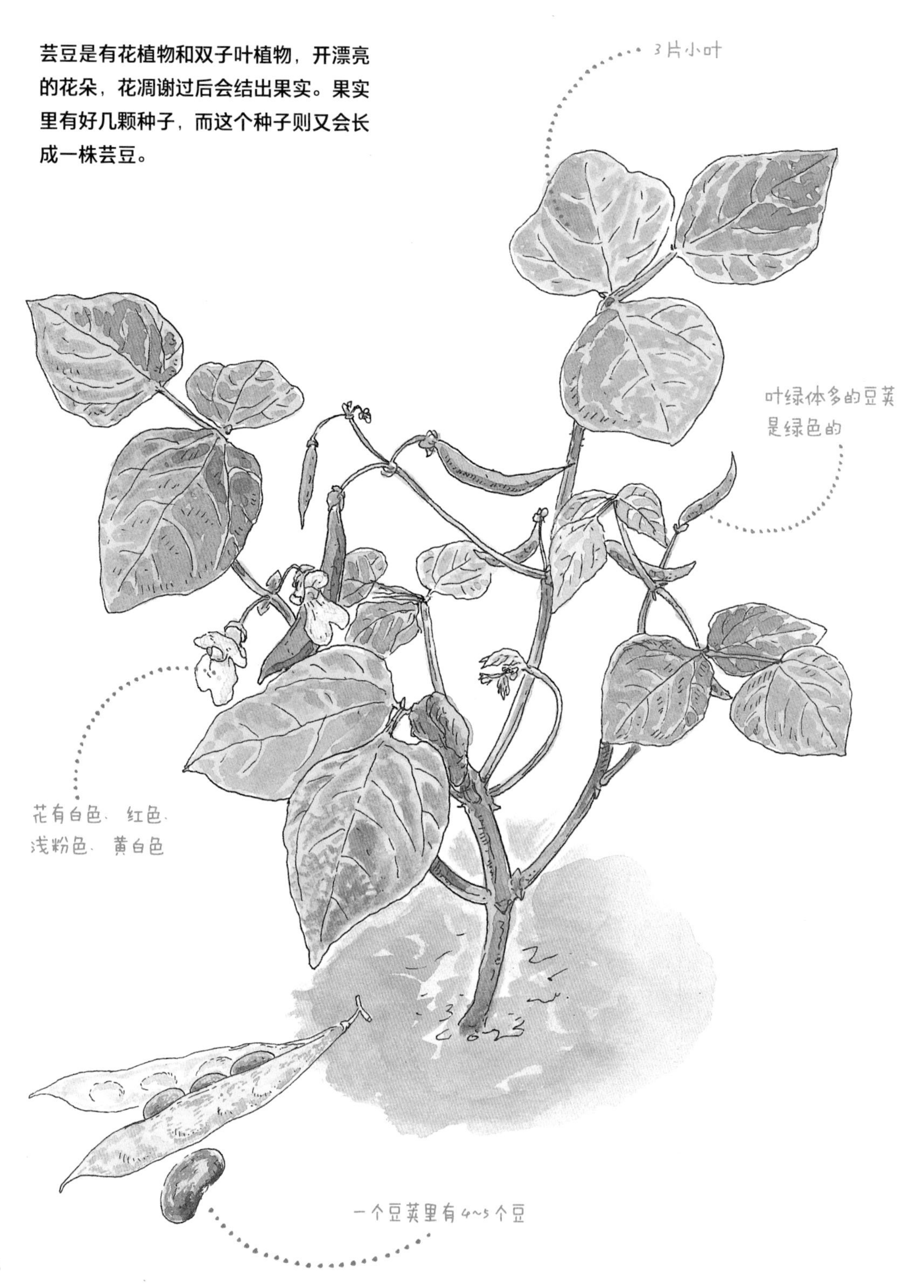

另外，芸豆是被子植物中的双子叶植物，豆子用水浸泡发芽后，我们很快就会发现它们有两个子叶。水稻与芸豆不同，只有1片子叶，因此我们称其为“单子叶植物”。

芸豆的豆荚含有很多叶绿体，所以它们是绿色的。花凋谢的地方会长出小豆荚，随着幼苗渐渐长大，里面装着的四五颗豆子也开始变大了。有很多绿色的叶绿体意味着可以进行充分的光合作用，可以制造养分。为了让下一代的种子成熟，豆荚也得制造充足的养分才行。

为了看到芸豆生长的样子，需要进行多样的准备工作。

首先要准备的是花盆，把花盆里填满土，然后播种作为种子的豆子。如果没有种子，就什么都不会发生吧？土只要可以覆盖种子大小的两三倍就可以，接着，给它浇水，播种就算完成了。

植物要发芽，首先要有充足的水和适当的温度、空气。那么，需不需要养分和阳光呢？在刚发育的时候，养分是存储在植物的子叶和胚乳上，所以无需任何阳光。过度的阳光反而会使泥土变干，所以在播下种子后，可以用稻草或树叶覆盖住泥土，帮助泥土锁住水分。

干渴的种子吸收水分，准备马上发芽。植物的种子在寒冷的冬天不会被冻死，等到了春天还会发芽，这是因为种子中几乎没有水。

同样地，芸豆刚开始发芽所需的时间也因季节而有差异。在春天需要一周左右，但是在温度较高的夏天只要3~4天就足够了。

子叶在吸收氧气和水后，子叶中含有的碳水化合物和蛋白质及脂肪等养分会分解成糖分。这样，在子叶的包裹下，植物的根、茎和叶子就开始生长了。

在土壤里，根首先伸出来。当你看芸豆的时候，你会发现中间部分粘着一个小眼睛，这是“种孔”，根从这里伸出来。

根扎得足够深后，茎干也长出来了，接着子叶也长出来了。根钻进泥土的深处，茎干破土而出，实在叫人惊叹不已。这样，当子叶长到土壤之上的时候，就会把至今保护着自己的种皮脱掉，然后挤出脑袋来。这就是子叶出生的那一刻。

终于，伴随着萌芽，子叶破土而出。曾经是黄色的子叶，随着时间的推移，它逐渐呈现出绿色。叶片呈现绿色，意味着它们开始制造养分。嫩芽茁壮成长的时候，最初出现的子叶，随着时间的流逝渐渐变小，最终从茎干上掉了下来。

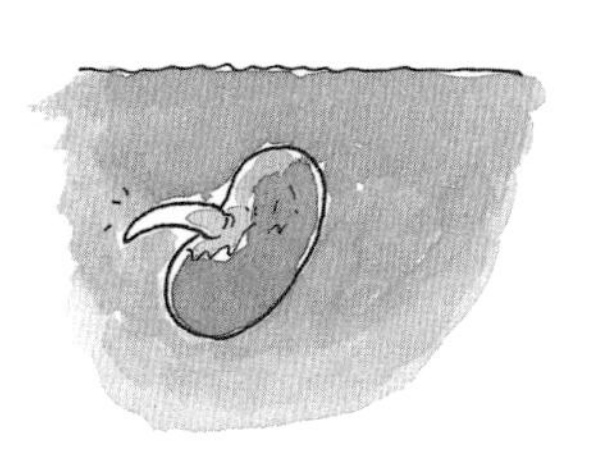

根从种孔上伸出来。

两个子叶之间开始发芽。

吸取子叶里的养分，进行光合作用，茁壮成长。

虽然子叶里面的养分也能帮助成长，但仅凭子叶并不能提供充足的养分。从现在开始，通过根部吸收泥土中的无机养分，并进行光合作用，芸豆才能快速成长。

在培养像芸豆这样的植物的时候，有以下需要注意的事项。我们手上会有许多有害的细菌或病毒，因此，摸植物的时候最好戴上手套。

而且在撒肥料的时候，不能把肥料撒在与根过于接近的地方。这是因为在泥土中肥料过多的话，会危害植物的根。最好是在距植物一拃的距离，绕其周围一圈撒上肥料。

在培养观察用植物的同时，不要忘记使用实验观察日志，进行记录。

6 开花。

7 花谢的地方长出豆荚。

8 豆荚里有坚硬而丰满的种子，豆荚很快就会干掉。

首先用尺子测量茎干和豆荚的长度，画出叶子变化的样子，也就是画出叶子的生长图表。每天的变化，都要一一记录在本子上。

从这些观察的记录中可以知道，植物经过精心培养，健康成长。

我们一起了解了有代表性的芸豆，其他有花植物的生长方式也没有很大的不同。

从芸豆的一生，我们可以学到很多东西。水不充足的话，根会伸展得更长；阳光不充足的话，植物会尽可能地朝着有太阳的方向，延伸茎干和叶子，以便获得更多阳光。有时蚜虫会扑过来，细菌和病毒也会来欺负它，但芸豆最终战胜了它们，茁壮成长，结出种子。看着这样的芸豆，可以看到生命的坚韧和伟大。

芸豆本身是一年生植物，但留下了种子，这具有很大的意义。

花盆为什么会有孔？

如果咱们在吃饭喝水的碗底下凿一个孔，会发生什么事呢？碗底上如果有孔的话，里面的东西会漏出来，会很棘手吧。

但是花盆不是那样的。在花盆里培育种子的时候，如果仔细观察，就会发现花盆有孔。为什么会在花盆底部打一个孔呢？花盆里放的是泥土，如果有孔，那么土不会全部漏掉吗？

因为花盆里不是毛糙的散沙，而是紧紧团抱在一起的泥土，所以泥土是几乎不会漏出来的。那个洞是为了给花盆里浇水时，不使花盆中的泥土阻隔水，能让水顺畅流下来而打的。而且通过这个洞，空气可以进来，根部能进行呼吸。所以花盆上一定要有个洞。如果花盆上没有洞，那么会怎么样呢？根会腐烂掉。

因此，如果想让植物更茁壮地成长，最好不要让泥土把花盆下面的洞完全挡起来。用像小石头或破碎的花盆边角的东西，给它开一道错综的缝隙，防止挡住洞。

泥土
腐叶土
小石子
空气
水
水
空气
水
水
空气
空气

植物的分类

有花植物和无花植物（也称“显花植物”和“隐花植物”），双子叶植物和单子叶植物，被子植物和裸子植物，陆生植物和水生植物，是根据什么标准来划分的呢？把植物进行分类，能够更好地了解植物。

植物的分类

有没有和爸爸妈妈一起在大型超市推着购物车逛过？这时，我们就会发现超市为了方便顾客找到物品，而对物品进行了分类：蔬菜在蔬菜货架，肉在肉的货架，零食在零食货架。多亏有这么好的分类摆放，我们才能更容易地找到我们需要的东西。

植物大致分为“树木”和“草”。虽然植物学并不这样分类，植物学里称作“木本”和“草本”，但在普通人看来，大部分的植物好像不是树木就是草。由此可见，树木和草的大分类是非常明显的。

树木有就一根树干高高生长的，和松树、梧桐一样的乔木（个子高的树木），也有许多枝干聚在一起生长的个子矮矮的，和杜鹃、连翘一样的灌木（个子矮矮的树木）。

一般来说，树是个子高高、树干坚硬的多年生植物，草大多数是个子矮矮、枝干很柔软的一年生植物。草也有许多种类。有的已经完全具备了叶子和茎的样子，有的是茎和叶很难区分的苔藓类。

用这样的方式一点点把植物分类下去的话，可以分为可食用植物、有毒植物、药用植物、高山植物和极地植物等。那么让我们了解一下在作为科学的植物学中，是以什么样的标准给植物进行分类的。

有花植物和无花植物

植物首先可以分为会开花的“有花植物”和不开花的“无花植物”。因为开花植物比无花植物的种类多很多，所以在这里我们先来了解一下无花植物。

代表性的无花植物有苔藓类植物、蕨类植物和水生植物。苔藓类植物中有金发藓、地钱这样的苔藓类；蕨类植物有蕨菜和狗脊蕨这样的蕨类；而水生植物有水绵、鱼腥草、金鱼藻这样的藻类。

因为无花植物不开花，所以用孢子代替种子来繁殖。让我们以蕨菜为例来了解无花植物是怎样繁殖的吧。

蕨菜是有代表性的蕨类植物中的一个。蕨类植物（羊齿植物）的叶子形态很像羊的牙齿，所以叫这个名字。很有趣吧？中间新卷起成团的蕨菜叶很像小朋友柔嫩又胖乎乎的手，所以，孩子可爱的小手也被叫作“蕨菜手”。

蕨菜的根茎部分向旁边伸展开来。在蕨菜叶子的反面可以看见挂着成排的孢子囊。孢子囊里满满地装着我们肉眼看不见的孢子，只有用性能好的显微镜仔细观察才可以看见。

孢子掉在地上的话，就会在地上发芽，长出宽大的叶子，然后从那里发芽长成蕨菜。

蕨菜

高约1米的蕨类植物，是蕨菜科的多年生草本植物。嫩叶可以用来作凉拌菜。

被子植物和裸子植物

杜鹃、松树、蒲公英、玫瑰、大麦、百合都有着开花的共同点。开花的就是有花植物。这些要再分的话应该怎样分呢？

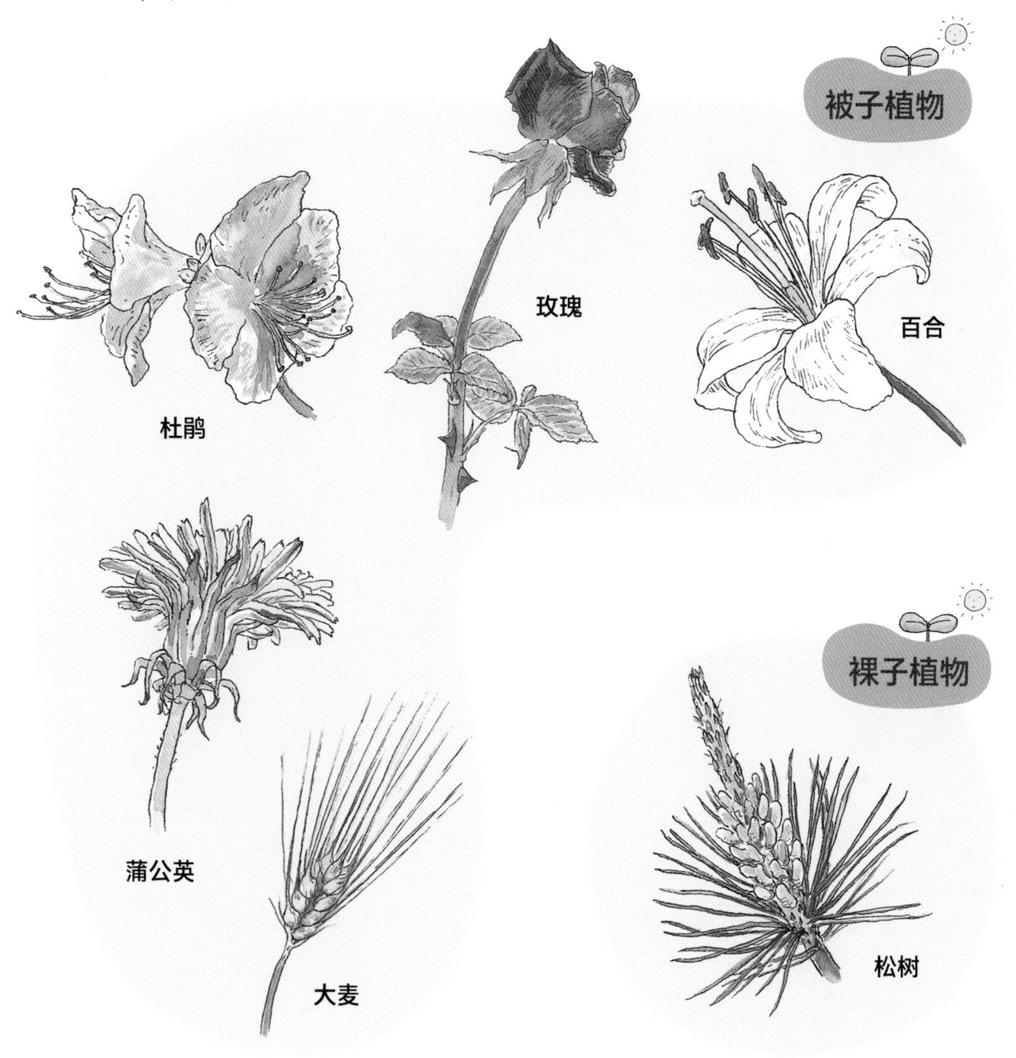

虽然松树在松果的鳞片之间有种子，但其他植物的种子都被种皮所包裹。因此杜鹃、百合、大麦、玫瑰、蒲公英都属于“被子植物”，松树属于“裸子植物”。因为被子植物比裸子植物的种类多很多，所以这里我们就以裸子植物为主来仔细观察。

被子植物和裸子植物

被子植物有子房包裹在种子外面，看不见种子。裸子植物没有子房，看起来种子暴露在外面。

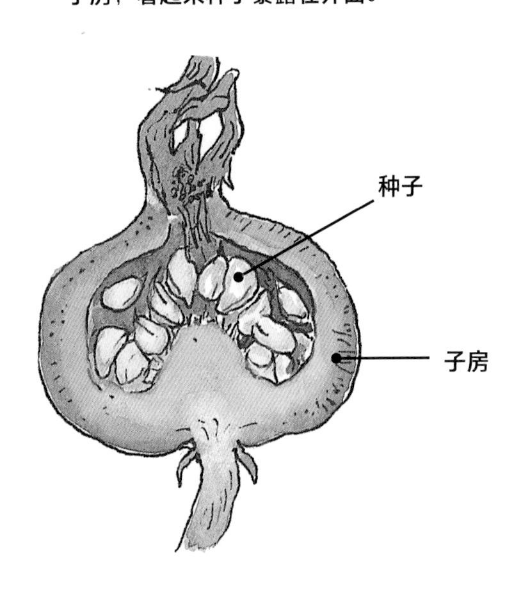

被子植物（玫瑰）

裸子植物（松果）

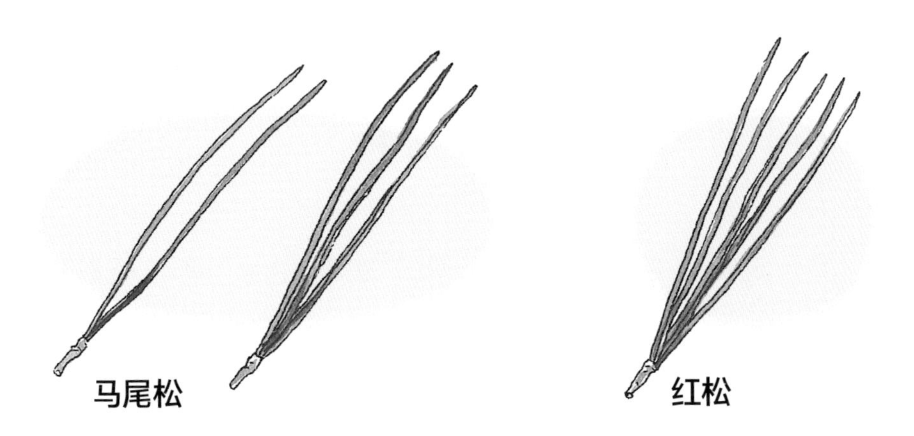

裸子植物有马尾松、红松、冷杉、银杏等，都是在我们周围常常可以看见的树木。

这其中，马尾松的叶子两个两个团在一起长，仔细看的话，也有三个三个团在一起的。平常看起来都差不多的马尾松也有不同的种类。叶子看起来特别绿、胖乎乎的红松是五个五个团在一起的。

双子叶植物和单子叶植物

正如前面了解的，植物大体分为开花的“有花植物”和不会开花的“无花植物”。这其中，有花植物又分为种子被外面包裹的“被子植物”和藏在里面的“裸子植物”。

那么，现在把被子植物分为“双子叶植物”和“单子叶植物”怎么样？就像他们的名字一样，这些植物是各个子叶成双生长或只长了一片子叶。

双子叶植物和单子叶植物也可以通过叶子上叶脉的裂纹形状来区分。请比较杜鹃、蒲公英、百合、水稻的叶脉形态。杜鹃和蒲公英的叶脉呈网状，是网状脉，百合和水稻的叶脉画出整整齐齐的平行线，是平行脉。

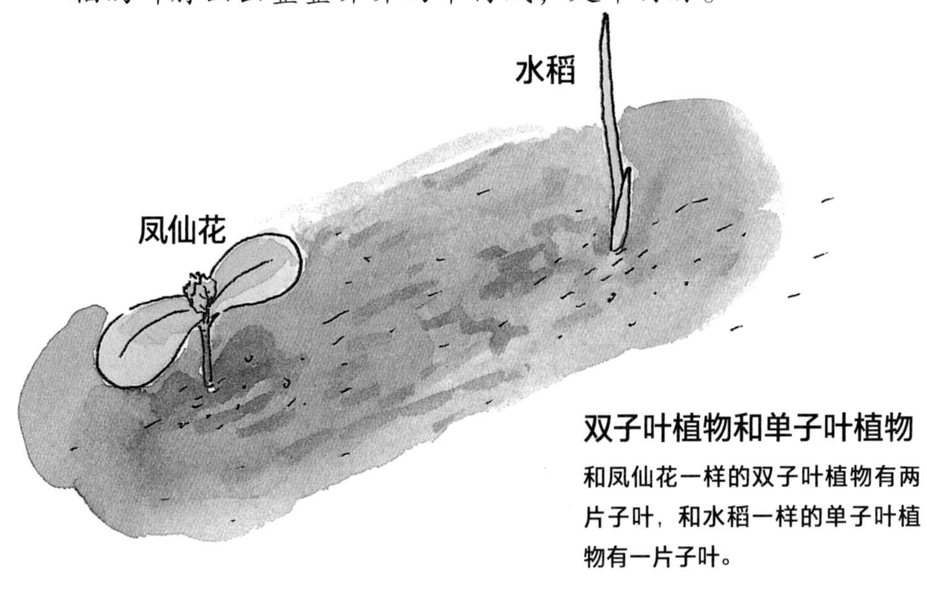

双子叶植物和单子叶植物

和凤仙花一样的双子叶植物有两片子叶，和水稻一样的单子叶植物有一片子叶。

这次我们来观察一下凤仙花和水稻发芽的样子吧！凤仙花有两片子叶，水稻有一片子叶。这两种有花植物虽然都有被子植物的共同点，在子叶数上却出现了差异。凤仙花是有两片子叶的双子叶植物，是网状脉。水稻是有一片子叶的单子叶植物，是平行脉。

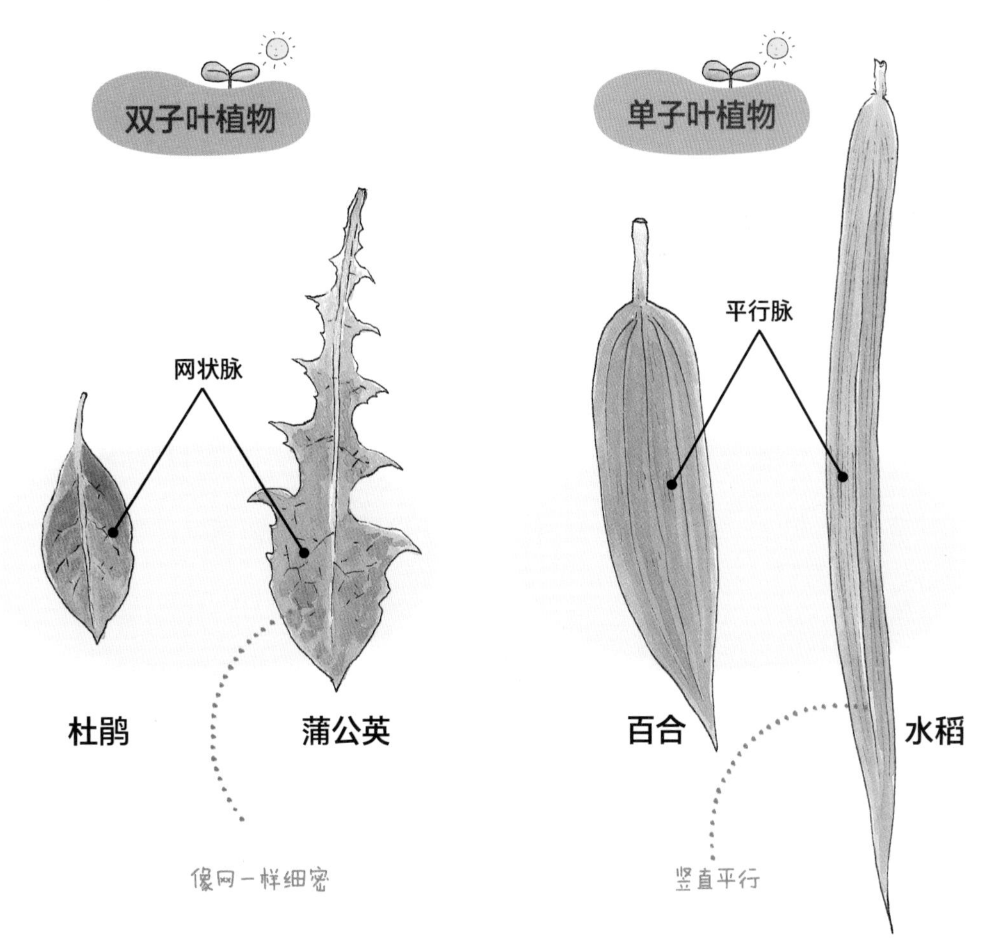

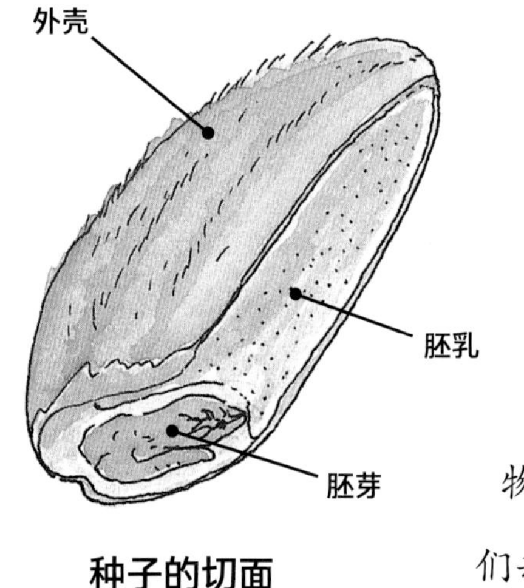

种子的切面

像芸豆一样，双子叶植物的种子子叶里贮藏着养分。那么单子叶植物的种子在哪里贮藏养分呢？

让我们用有代表性的单子叶植物水稻举例来看。水稻的种子是我们每天吃的米粒。把外壳剥去，构成糙米的小小的胚芽就贴在里面。

将内皮也剥去后，就是白米，所以在白米上看不见这个胚芽。

胚芽里面有幼茎和幼芽。除去胚芽，剩下的即我们主要吃的部分，叫“胚乳”。

水稻的种子正是把养分储存在胚乳中，在胚芽生长的时候提供养分。我们来整理一下，双子叶植物是以种子的子叶来储存养分，单子叶植物是以种子的胚乳来储存养分的。

陆生植物和水生植物

陆生植物因为要扎根地下并站得笔直，所以茎干坚硬或紧实，而水生植物因为不需要这样所以茎干不发达且会摇摆。因为水中的空气不足，所以水生植物具有能够很好地流通空气的构造，并且贮藏空气的部分“通气组织”非常发达。

在我们的饭桌上经常可以看到的莲藕就是这样。也叫莲根的莲藕事实上不是根而是茎。莲藕中有一些相互通气的孔，这些孔是它在水中生活的时候用来贮藏空气的。

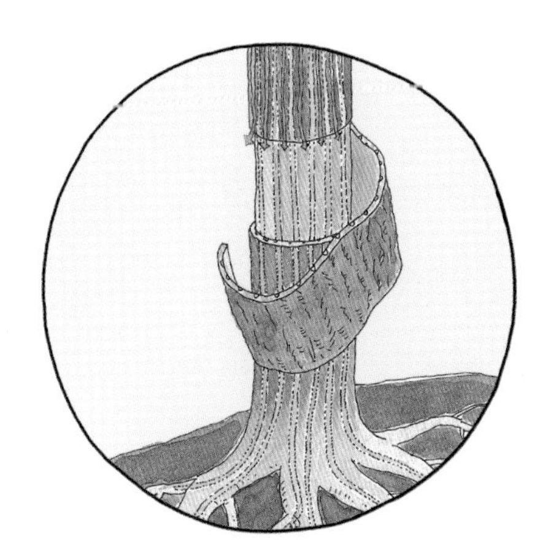

陆生植物的茎干坚硬或紧实

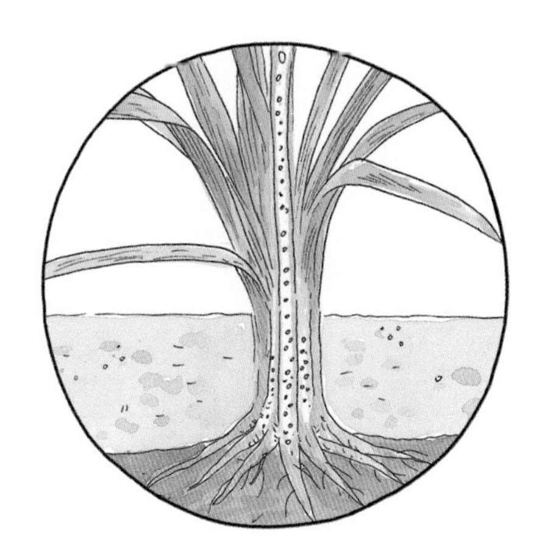

水生植物有能流通空气的构造

水稻生长在有很多水的田地里。因此，为了让茎可以呼吸，必须要给它好好地提供空气。

水稻在很难呼吸的水里面是怎样呼吸的呢？

仔细观察稻草，可以看见它的里面是空的，通过那个空的地方给根输送空气。像金鱼藻这样的植物也是一样的。因为空气不足，是生活在水中的植物最大的问题，所以为了适应环境，像这样能够很好地传输空气的茎、根就会非常发达。

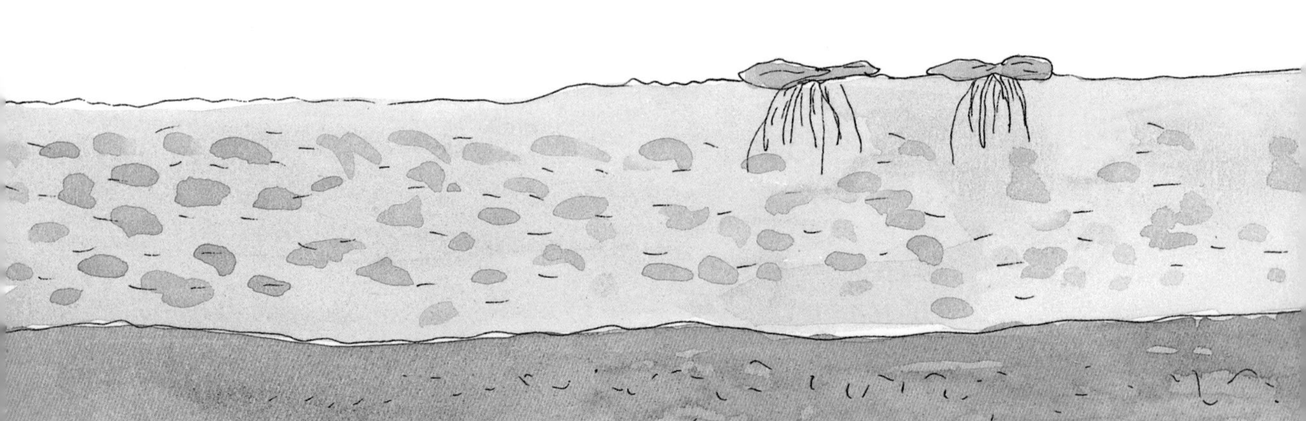

我们是空气，让我们一起通过茎到根去吧！

竹子是树还是草？

单子叶植物的茎不会变大，但双子叶植物的茎每年都在变粗，产生了“年轮”。那么，竹子是树还是草呢?

竹子有和其他树一样的粗粗的茎干。竹子从特征来看既像树又像草。

竹子看起来像树，是因为它的茎干比普通的草更加坚实，个子也高。但竹子是单子叶植物，因为没有形成层，茎干不会持续变粗，所以长不出年轮。这是草的特征。因此，竹子具有更加接近草的特征。根据竹子茎干在春天生长一次后，即使到了来年都不会再变粗的情况，也可以看出，竹子具有草的特性。

竹子和水稻反而是相似的植物。竹子作为禾本科植物在全世界有约1 000种，是在东南亚和类似的温暖的地方能很好地生长的多年生植物。它的花的形态和特性也与水稻的很像。

总而言之，竹子属于草本植物。单子叶植物没有年轮，没有形成层，春天生长过一次的话，那一年过后就不会再生长了。

长长的、宽宽的，
各种叶子的形态

就像没有性格和长相都一模一样的人，植物也长得各有不同。既有形态是又瘦又纤细的叶子，也有又粗又宽的叶子。虽然爬山虎、仙人掌、洋葱的芽鳞是不同的形态，但它们都一样是叶子。让我们来听一听有趣的叶子的故事吧。

为了进行光合作用的叶子

虽然说过好多次了，但植物叶子做的最重要的事就是光合作用。为了更好地进行光合作用，植物会尽可能多地长出叶子。

我们经常看到的树上通常会有几片叶子呢？请不要惊讶哦。一棵巨大的枫树上通常挂着大约10万片叶子。叶子多就意味着能吸收更多的光，就能进行更多的光合作用。

植物叶子的形态也是各种各样的。就像我们每张脸长得也各自不同。因为有助于进行光合作用，所以我们可以认为只要叶子宽宽的，植物就能很好地生长。但实际上，叶子有圆圆的、尖尖的、宽宽的、窄窄的、像扇子一样生长的、像婴儿小手一样生长的各种各样的形状。这是在很长的岁月里，植物为了适应自己的生活环境，进行了进化的结果。这也意味着随着环境的不同，叶子会变成最适合进行光合作用的形态。

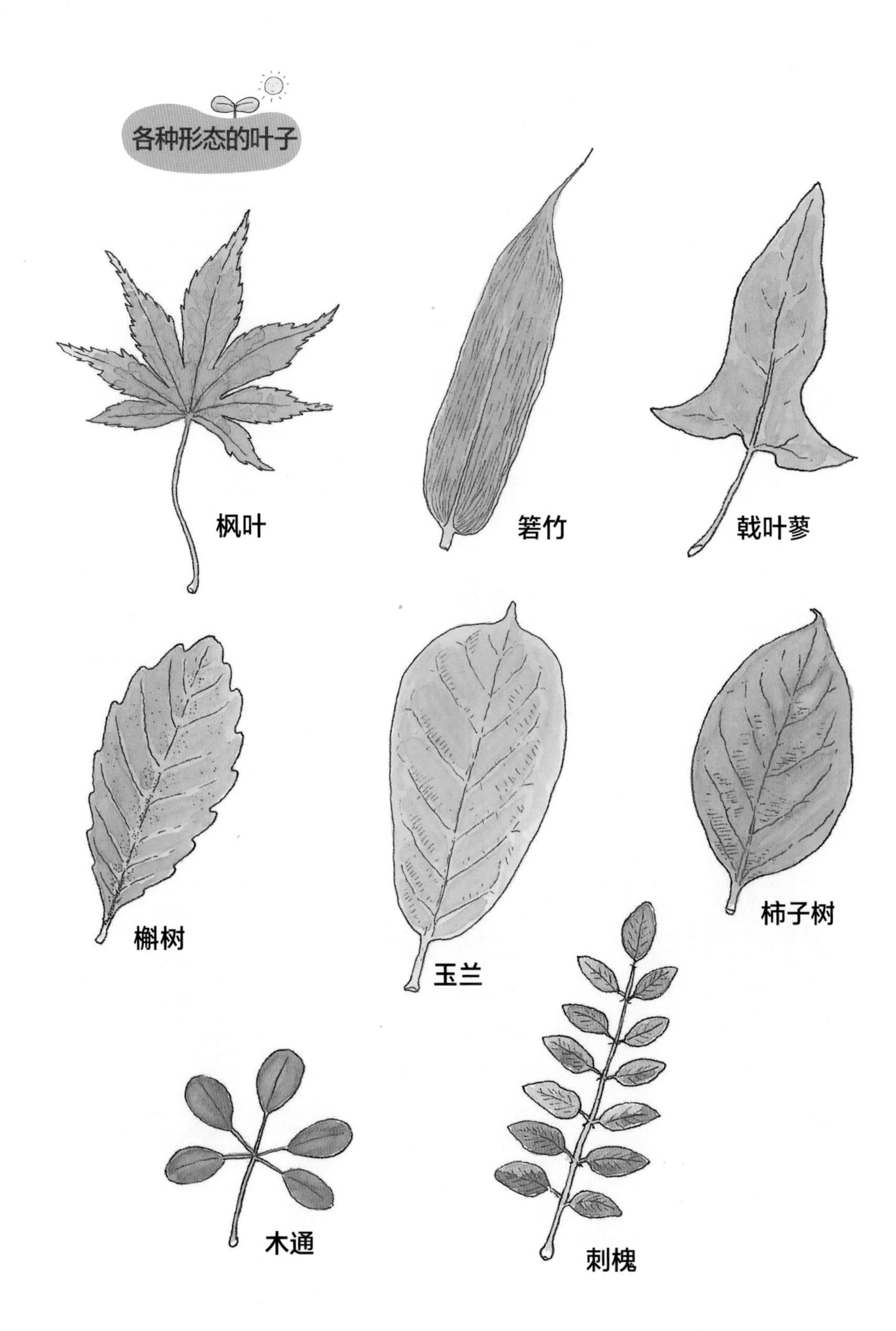
各种形态的叶子
枫叶
箬竹
戟叶蓼
槲树
玉兰
柿子树
木通
刺槐

多种多样的叶子

让我们根据长相来分一下叶子吧！

叶子有窄的叶子和宽的叶子。通常单子叶植物的叶子是狭长的。窄的叶子长得长是为了进行更多的光合作用。如果很窄又不长的话，叶子就很难吸收阳光。

但是和松树叶那样长得像针一样尖尖的叶子，怎样吸收足够的阳光呢？裸子植物的大部分叶子虽然窄但是又长又厚。如果叶子长而厚的话，可以接受阳光的面积就会变宽。

盐肤木（复叶）

可以知道的是，所有植物为了适应环境并进行光合作用，最终会发育成最好的形态。

宽的叶子分为两种。首先有“复叶”，就是说一个叶片分成许多个小的叶子。叶片无法分开，只有一个的叫作“单叶”。复叶是由几片小的叶子即小叶贴在一起的。盐肤木和白车轴草具有代表性。盐肤木有9片小叶，白车轴草有3片小叶贴在一起。

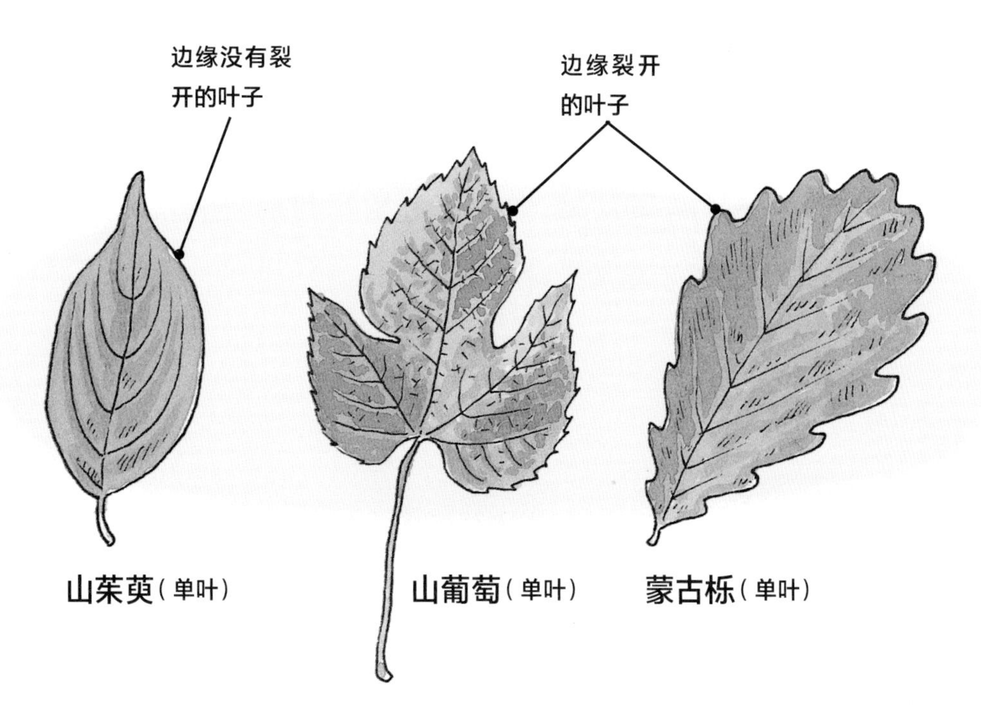

山茱萸（单叶） 山葡萄（单叶） 蒙古栎（单叶）

大部分的叶子是单叶。单叶就是一片叶子。单叶也可以分为两种：边缘不裂开的叶子和边缘裂开的叶子。虽然大部分叶子的边缘是不裂开的，但木槿、梧桐、枫树、白杨、橡树的叶子都是边缘裂开的。

水经过的路，叶脉

通过之前对单子叶植物和双子叶植物特征的学习，可以知道叶脉有像网一样交错的网状脉和平行的线条非常鲜明的平行脉。

那么所有植物的叶子都能分为网状脉和平行脉吗？不是这样的。松树、冷杉、柏树的叶子既不是网状脉也不是平行脉。我们知道，这些植物是显花植物中的“裸子植物”。只有“被子植物”才有叶脉。

那么叶脉是做什么用的呢？如果观察叶脉的话，就会想到透明而且有细密纹理的蜻蜓翅膀。蜻蜓翅膀上展开的网状脉（翅脉）不单是好看而已。那里有血和神经通过，昆虫从那里接受养分和氧气，还有感觉。

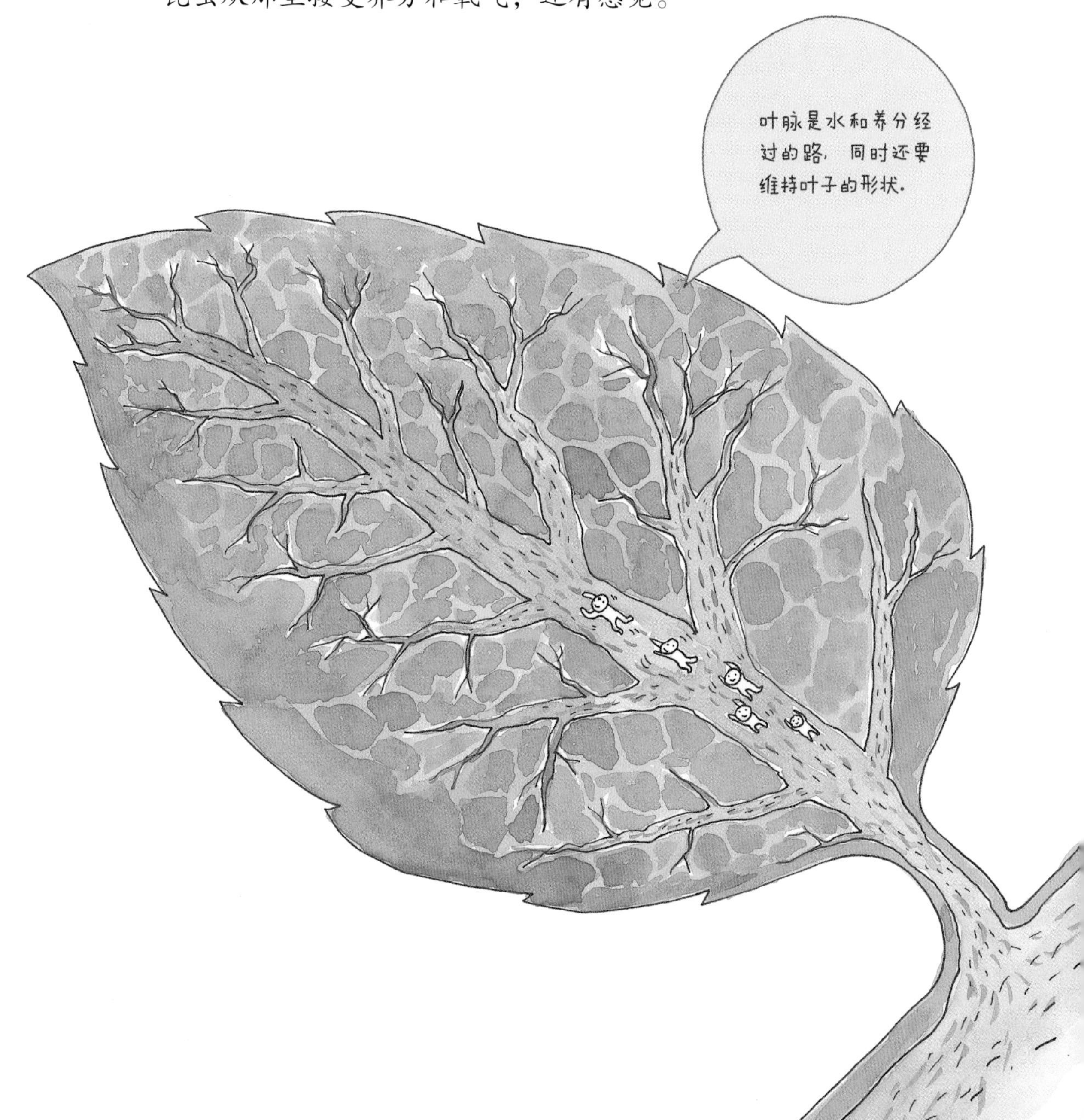

这样来看，可以猜想植物的叶脉对植物的生长有重要的作用。

第一，叶脉是水和养分经过的路。从根部吸收的水和无机物经过的路叫“导管”。另外，将叶子中光合作用制造的养分送到茎和根的通路叫“筛管”。像这样把导管和筛管聚在一起的就是叶脉。因此，可以看出叶脉做着和昆虫翅膀里网状的脉一样的工作。

拿紫丁香标本的叶脉来看，从叶柄开始叶脉在持续变小并分叉出去。人的血管和这个很像。
人们也有和叶脉一样的动脉，从粗的大动脉开始，有许多像树枝一样的小动脉延伸出去。

第二，叶脉起着支撑叶子的作用。多亏有了脉，叶子才不会耷拉着身体，而是保持着伸展的状态。把秋天掉下来的腐烂的叶子用水洗一洗后观察，可以看见叶脉露出的坚硬形态。叶子腐烂的话，虽然叶脉之间的叶肉都分解掉了，但是叶脉还留着。

拿叶子的标本来看，很容易就可以知道叶子的形态。比起叶片的正面，背面可以更清楚地看见叶脉。把叶子翻转过来好好展开，在上面铺薄薄的纸，用彩色铅笔擦拭，叶子的标本就完成了。像这样看叶子的标本，就知道根据叶子种类不同，叶脉的纹理也会有一些不同。

我们再熟悉一遍。叶脉只有“被子植物”有，有网状脉的植物全部都是“双子叶植物”，有平行脉的植物全部都是“单子叶植物”。

叶子也会换衣服

虽然世界上有各种各样的叶子，但其中的枫叶的形态仍然很特别，秋天的时候枫叶有会换上不同颜色衣服的特征。枫叶颜色不单是为了好看而换的，这里面还藏着科学。

就像动物会排出粪便和汗一样的排泄物，植物也会排出代谢物。但是因为没有像我们人一样单独的和肾脏一样的排泄器官，所以植物的细胞里面会有一种叫“液泡”的小口袋装着排泄物，在叶子掉落的时候一起排出去。一到秋天，我们很高兴地踩着会发出“窸窸窣窣”声音的落叶里面，就有植物的排泄物。即植物的粪便是通过自己的叶子排出体外的。

植物的液泡里面藏着色素和糖分。大大的肿胀的液泡里面，有着各种色素和甜甜的糖分。甘蔗或枫树是含有大量糖分的植物，糖分含量多到可以从中提取出糖。而色素和糖分给枫树叶染上了色，给我们的眼睛带来了视觉上的享受。

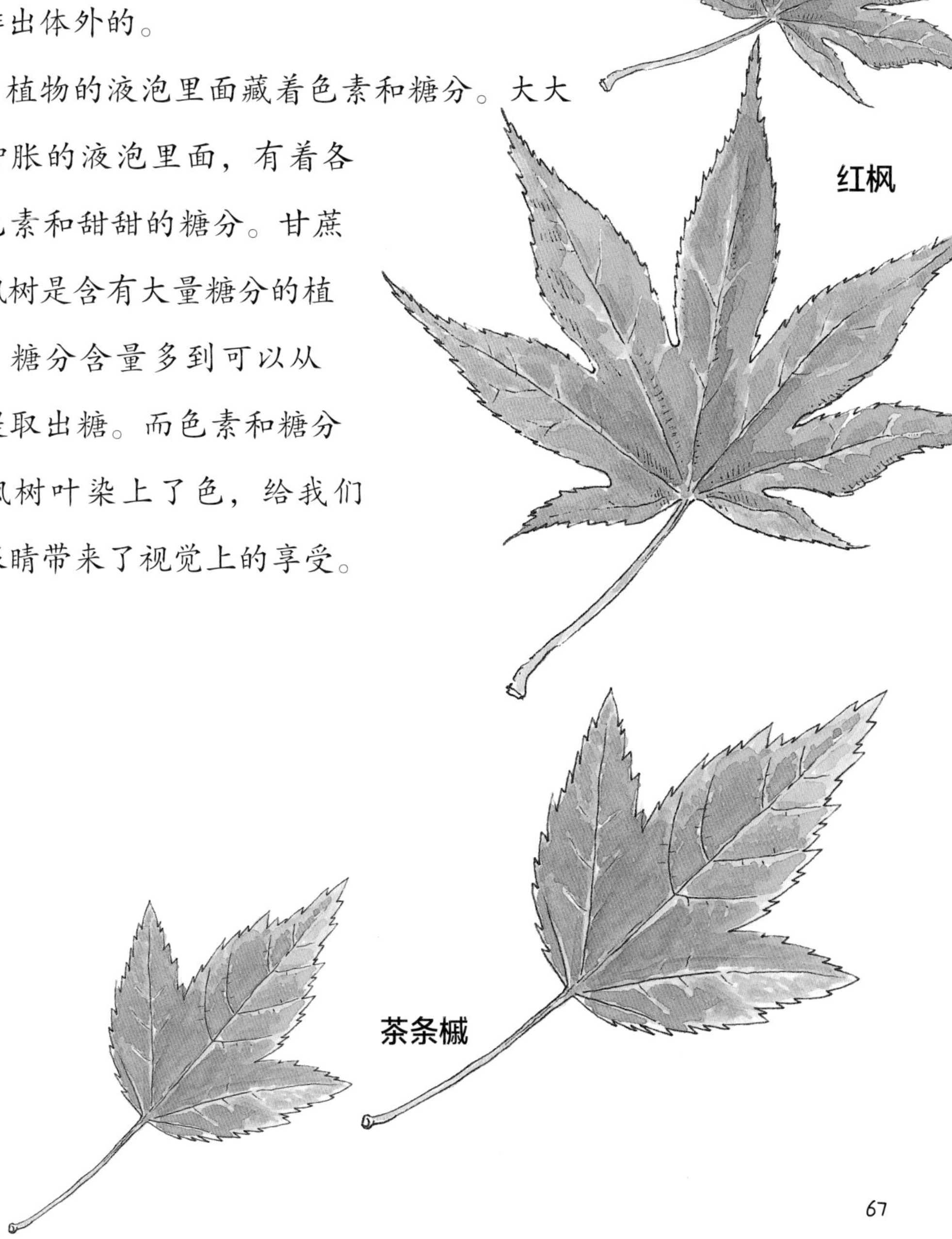

枫叶中存储的糖分可以分解转变成花青素，液泡中的糖分越多，枫叶就会被染得越美丽越明亮。如果秋天晴朗的天气很多，糖分就会制造得更多，从而分解更多的花青素，枫叶也就会更漂亮。除此之外，白天及晚上的气温差越大、湿度维持得越适宜，枫叶就会越漂亮。

槭树科植物有很多。其中，郁陵岛枫叶子边缘裂开的小小的裂片有11个，紫花槭的裂片有9个，红枫的裂片有7个，元宝枫（学名元宝槭）的裂片有5个，茶条槭的裂片有3个。这里面紫花槭在秋天会成为最红最明亮的那个。

枫叶的颜色不止有红色这一个。因为不同种类的树木叶片中含有不同色素。“胡萝卜素”是让枫叶能像胡萝卜一样变红和淡黄的色素，“叶黄素”是让叶子变得像银杏叶一样深黄的色素。因为枫叶的颜色是由各种色素混合而成的，所以看起来会有一些不同。

这些色素不是在秋天第一次出现的，整个夏天都藏在叶子里。在炎热的夏天，它们被颜色深的叶绿素给遮挡住了，随着天气的变凉，叶绿素被破坏，才向外面显露出来。

如果树木在秋天的时候叶子不脱落，会发生什么呢？随着天气变冷温度下降，泥土里的水分被冻结起来，水就无法在植物身体里通过导管往上走。那时通过叶子的蒸腾作用，水分不停地向外面散发出去。结果植物体内水分越来越少，会干巴巴地枯死。聪明的植物为了减少水分的流失，在秋天的时候叶子就已经掉光了，然后等待着温暖的春天的到来。

这样我们就了解了植物的各种叶子形状。自然界有着一定的顺序和秩序。所有的叶子看起来都像是随心所欲生长的，了解了之后会发现，它们是为了尽可能多地进行光合作用才长成这样的。只有多进行光合作用，植物才会更加健康地生长，开更多的花并结出果实，繁衍子孙后代。再次说明一下，叶子的形态不同意味着植物针对多种多样的环境各自进行了适应性进化。

对生或互生

到目前为止，我们了解了叶子相互在哪些点上相似，在哪些点上不同，还有在叶子上伸展开的叶脉的形态和起到的作用。

这次我们要来了解一下叶子是以什么形态挂在树干上的。挂在树干上的叶子的形态构成，取决于它们长成什么形态才能接收到更多阳光，这是对环境进行适应的结果。

通过观察可以看到，黄杨木和连翘的叶子很像，野蔷薇和向日葵，还有银杏树、松树和白花蒲公英彼此的叶子形态十分相像。

野蔷薇和向日葵的叶子都是交错贴在茎上面的。这叫作“互生”。而黄杨木和连翘的叶子各自平行相对贴在茎上。这叫作“对生”。

那么了解一下银杏树、松树、白花蒲公英的叶子是如何长的吧？这些树木所有的叶子都是成团长的。这叫作“簇生”。

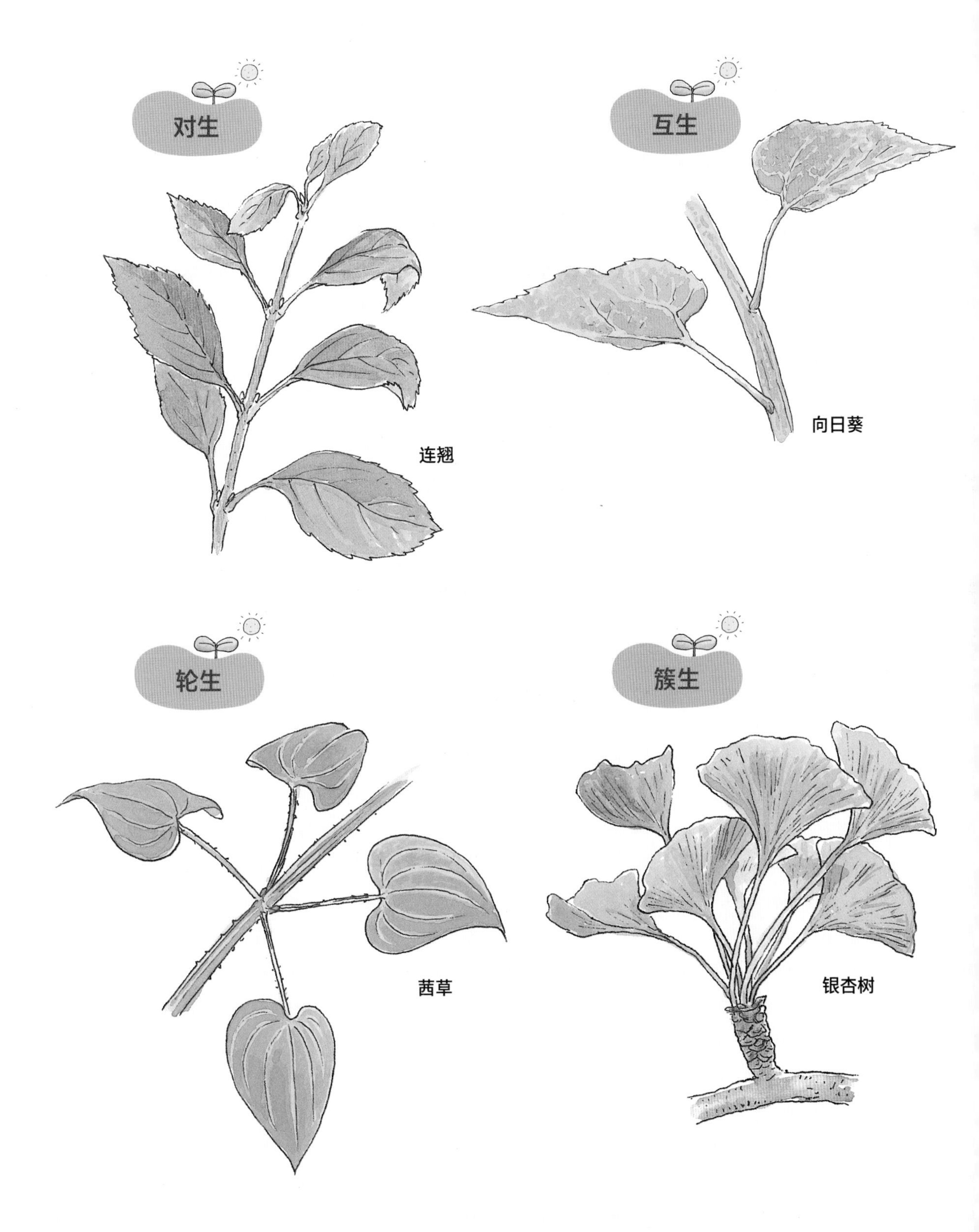
对生
连翘
互生
向日葵
轮生
茜草
簇生
银杏树

还有和茜草一样的植物，一个节上围绕贴着4片叶子，这个就是“轮生”。

叶子贴在茎上的形态就叫作“叶序”。从每种植物的叶序不同就能够管窥植物的多样性。可以看出植物叶序各不相同，也是为了接受更多阳光而变化的结果。

变换形态或散发气味

比起其他的，叶子受太阳光线强度的影响是最大的。叶子是靠接受强光生活的。像松树的叶子一样又小又厚的叫“阳叶”，像橡树一样又宽又薄的叶子叫“阴叶”。

但可以观察到，即使是同样的植物，在向阳处生长的比在背阴处生长的植物的叶子会变得更小、更厚。把这个植物搬到背阴处放置一段时间，叶子会变得又宽又薄。因为放在背阴处接受的光照量会减少，为了尽可能多地接受阳光，形态就会变化。

因为上面叶子的阴影，下面
叶子为了接受更多的阳光会变
得又宽又薄。

植物会为了保护自己和繁殖而改变叶子形态，有一个和这个类似的例子，就是植物散发出来味道。植物被锄头或镰刀还有昆虫等伤害到的时候，会从叶茎中散发出气味来保护自己的身体。

像秋海棠这样的植物，一般不会散发出任何味道。但是如果人的手碰到它，它就会排放特定的气味。

植物也有保护自己的防御手段。
散发出独特的气味或释放某种
物质都是它们的防御手段。
松脂
大葱
沙参
紫苏

植物认为昆虫或其他动物要攻击自己，就会散发出让他们不要碰自己的气味。

大家应该见过一些名叫“香草”的各种各样的盆栽植物。这些植物只是放着的话，不会散发出任何气味。但是如果故意用手去碰它，它就会散发出特有的气味。

凑到跟前只用鼻子闻，很难闻到植物散发的气味，要刮很大的风，才会闻到味道。

知道动物是来啃噬自己的时候，植物就会保护自己。洋葱、大蒜及韭菜等辛辣的蔬菜散发出特有的气味，就是植物为保护自己而做出的一种努力。

此外，经过紫苏田和沙参田时虽然什么气味都没有，但如果把田间的野草拔掉或者清除掉，紫苏和沙参就立马会散发出气味。

还有，生菜或者沙参的叶子如果受了很小的伤也会流出白色汁液，散发出特有的气味。西红柿也是，摘下的话就会散发出气味，我们修剪松树的时候也会闻到松脂的香气。

植物就是这样通过散发出气味或某种物质来赶走敌人的。

这竟然是叶子？叶子的变身

因为植物叶子要进行光合作用，所以叶子会变成适合环境的形态。可是它们也有因为其他理由而要改头换面的时候。

- **卷须** 最具代表性的就是豌豆了。因为茎会摇摆而且很脆弱，所以叶子就变化，像手一样，能够抓住周围的其他物体或者抓住其他植物的茎，向上伸展。南瓜和黄瓜拥有茎变化成的卷须。一般叶子和茎长到某种程度就不会再长了。卷须却可以继续生长。

- **刺** 仙人掌尖尖的刺是叶子变成的。因为仙人掌主要生活在很热、水很少的沙漠地区，所以为了减少在空气中水蒸腾的量，就减少了叶子的面积。

- **鳞芽** 鳞芽是花芽和叶芽的“芽”，即保护幼芽的鳞片。鳞芽是由叶子变化而来的，起到保护冬芽的作用。如果看到山茶花开花，就可以看到几个鳞芽包裹着花的样子。玉兰花的鳞芽上因为有许多毛，所以可以保护花。

- **捕虫叶** 因为茅膏菜、狸藻等都捕食虫子，所以叫“捕虫植物”，也叫“食虫植物”。抓虫子的叶子也叫捕虫叶，也是由叶子变化而来的。这些叶子不以光合作用为目的，而是为了抓虫便利而变化成的。

- **贮藏叶** 百合科植物圆圆的根是叶子变化而来的。我们吃的洋葱也是它的叶子。郁金香也是一样。它们的叶子因为一片片被剥落，所以叫“鳞叶”。

植物园
肃静
豌豆（卷须）
玉兰（鳞芽）
仙人掌（刺）
郁金香
（贮藏叶）
请找出藏着的叶子！
茅膏菜（捕虫叶）
洋葱（贮藏叶）

叶子没有休息的时间

虽然看似静止不动，但大自然的一切都在不停地忙碌着。
植物也一样。
叶子无时无刻不在制造着养分。让我们来看一看无间断的叶子的活动吧！

哼哧哼哧，制造养分的光合作用

植物最重要的生理活动就是光合作用和蒸腾作用。光合作用指植物在光的帮助下制造养分的过程。

蒸腾作用就是指把植物里有的水汽，以水蒸气的形式排出的现象。在这种作用下，植物得以生长。此时最重要的就是阳光。

但这里说的阳光不只是指温暖的“光”。阳光也就是指光能。阳光很重要，但不是只要有光就可以进行光合作用的。还需要适宜的温度、充分的水和二氧化碳，光合作用才会顺利地进行。

光合作用就是在适宜的温度下用植物的根吸收水分，用叶子的气孔吸收二氧化碳，叶绿体接受阳光，生产出养分和葡萄糖的过程。

这时如果太冷或太热，光合作用都会很难进行。并且水分、二氧化碳不足的话，光合作用也不能很好地进行。没有光的晚上，光合作用也不能发生。所有条件全都很好地具备的时候，才会制造出葡萄糖。

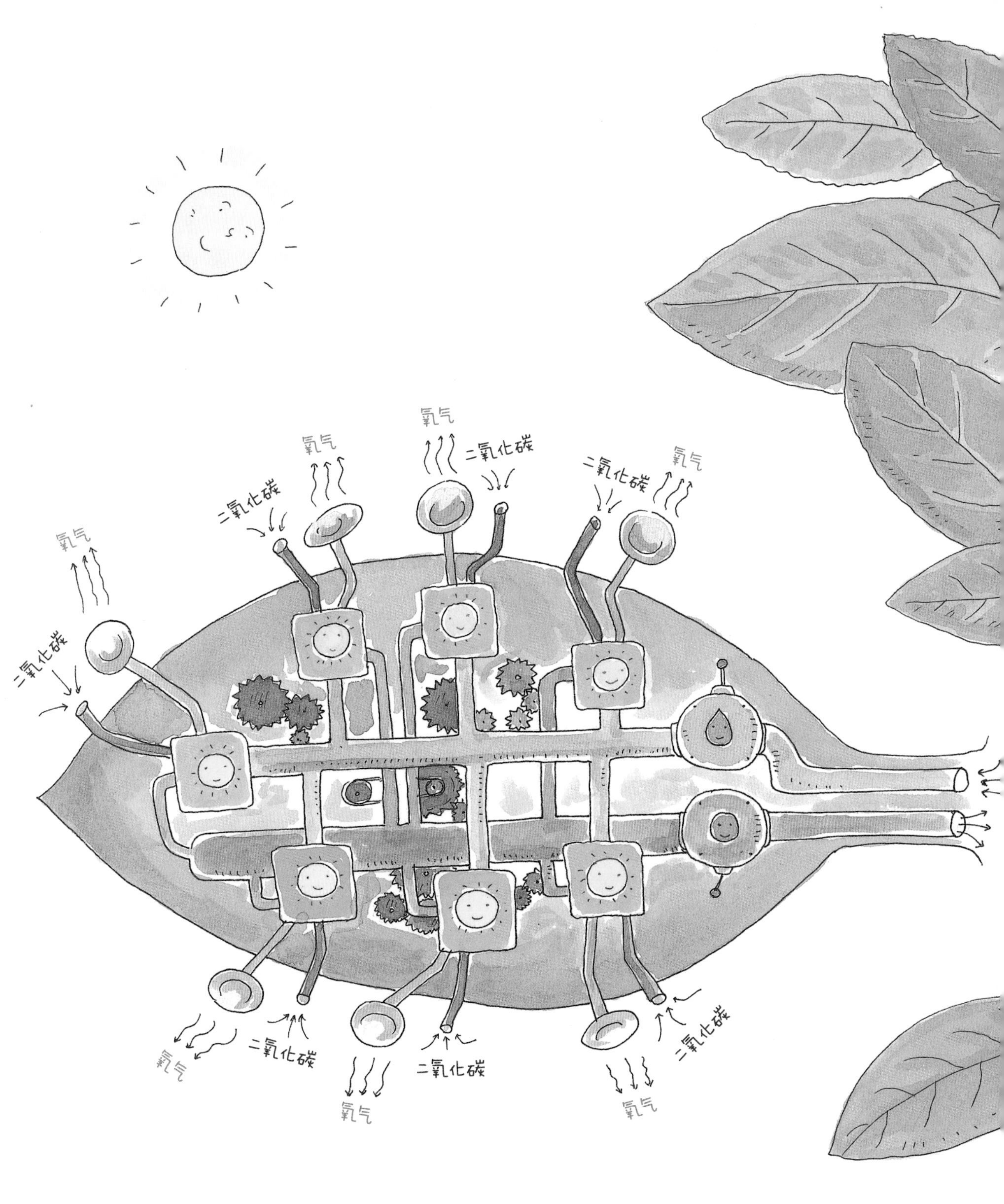

氧气
氧气
二氧化碳
二氧化碳
氧气
二氧化碳
氧气
二氧化碳
二氧化碳
氧气
二氧化碳
二氧化碳
氧气
氧气

光合作用中最先制造出来的就是碳水化合物，即葡萄糖。用它作为材料，可以制造出让植物生长并存活下去的必需的各种养分。

另外，光合作用除葡萄糖外还能产生氧气。

这里说的正是让我们能够呼吸的清新的氧气。用吸收进来的二氧化碳制造新的葡萄糖，向外释放氧气的光合作用正是在叶绿体中发生的。

叶绿体是利用太阳的“光合作用工厂”，把光能转换为动植物身体必需的实际能量——化学能的地方。葡萄糖或由葡萄糖制作出来的其他养分里的化学能，都是光能转换而来的。

所以，绿色植物是指那些自己也能制造并使用养分的，叫作“自养”的“生产者”。因为动物靠吃植物生存的，所以是“异养”的“消费者”。

我们吃了美味又营养的食物后，可以努力地学习，用力蹦跳。吃了美味的烤牛肉之后，力气即能量能够施展出来，回过头来看的话，多亏了太阳。因为牛肉是从牛身上来，而成为牛的食物的草是接受阳光生长的。太阳不仅给予我们生活的地球明亮与温暖，还做了这些令人惊讶的事。

最终，光合作用是由最重要的太阳光和水、二氧化碳在植物中合力形成的。

叶绿体

叶绿体顾名思义就是“叶子里的绿色物体”。叶子的细胞里有许多个颗粒——叶绿体。叶绿体里面有更小的色素颗粒，叫作叶绿素。

观察植物的叶子就可以知道叶子几乎都是淡绿色的。那么为什么植物都是淡绿色的呢？

因为植物有像前面说的“叶绿体”。叶子的一个细胞里通常有少则50个，多则200个叶绿体，只有用很好的显微镜才能勉强看见叶绿体的颗粒。叶绿体颗粒的形态近似圆盘，在不太发达的植物的一个细胞里面，可能只有一个叶绿体。

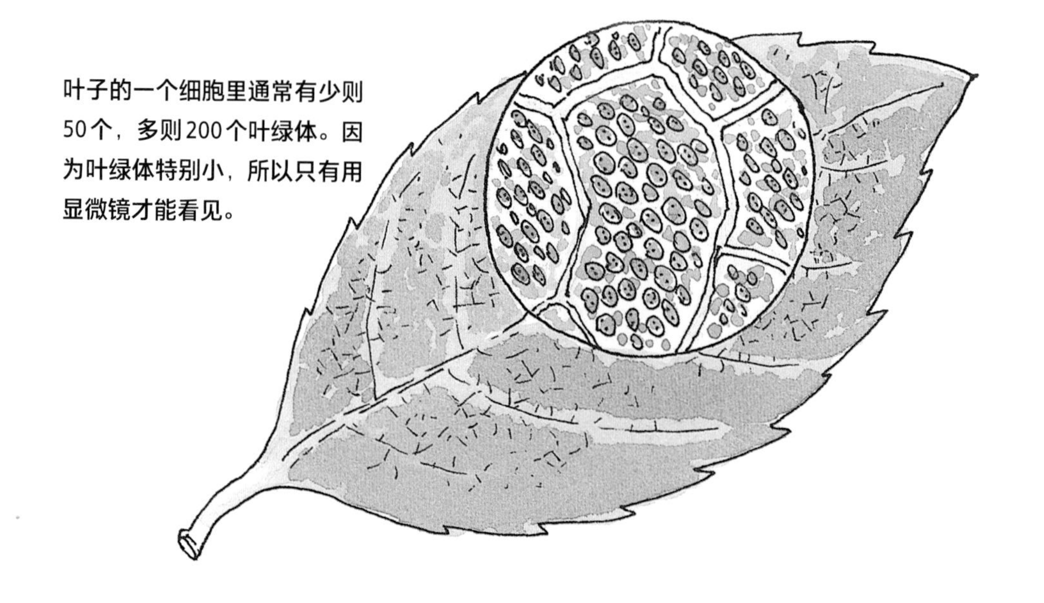

叶子的一个细胞里通常有少则50个，多则200个叶绿体。因为叶绿体特别小，所以只有用显微镜才能看见。

同样种类的植物在背阴处生长的，看起来更加浓绿。这是因为里面含有更多的叶绿体。向阳处的植物因为吸收了更多的阳光所以叶绿体更少，而背阴处的植物则不是这样。背阴处生活的植物叶子非常薄还变得更宽，也是为了吸收更多的阳光。

但是为什么有叶绿体，叶子就是绿色的？因为叶绿体本身是绿色的吗？当然这种说法是正确的。但事实上，叶绿体的性质是其他什么颜色都吸收而只反射绿色。也就是说，叶子在阳光的各种颜色中只反射淡绿色。和红花因为反射红色所以看起来是红的，黄花反射黄色所以看起来是黄的是一样的道理。

之前说过，叶绿体接受太阳的光能然后转化成化学能。这个世界上可以把太阳光能转化成化学能的只有叶绿体。地球上所有的能量归根结底，都来自太阳。正是植物的叶绿体，把太阳能转换成动物所必需的能量。所以说，拥有叶绿体的绿色植物是地球上所有生活着的动物能量的来源。

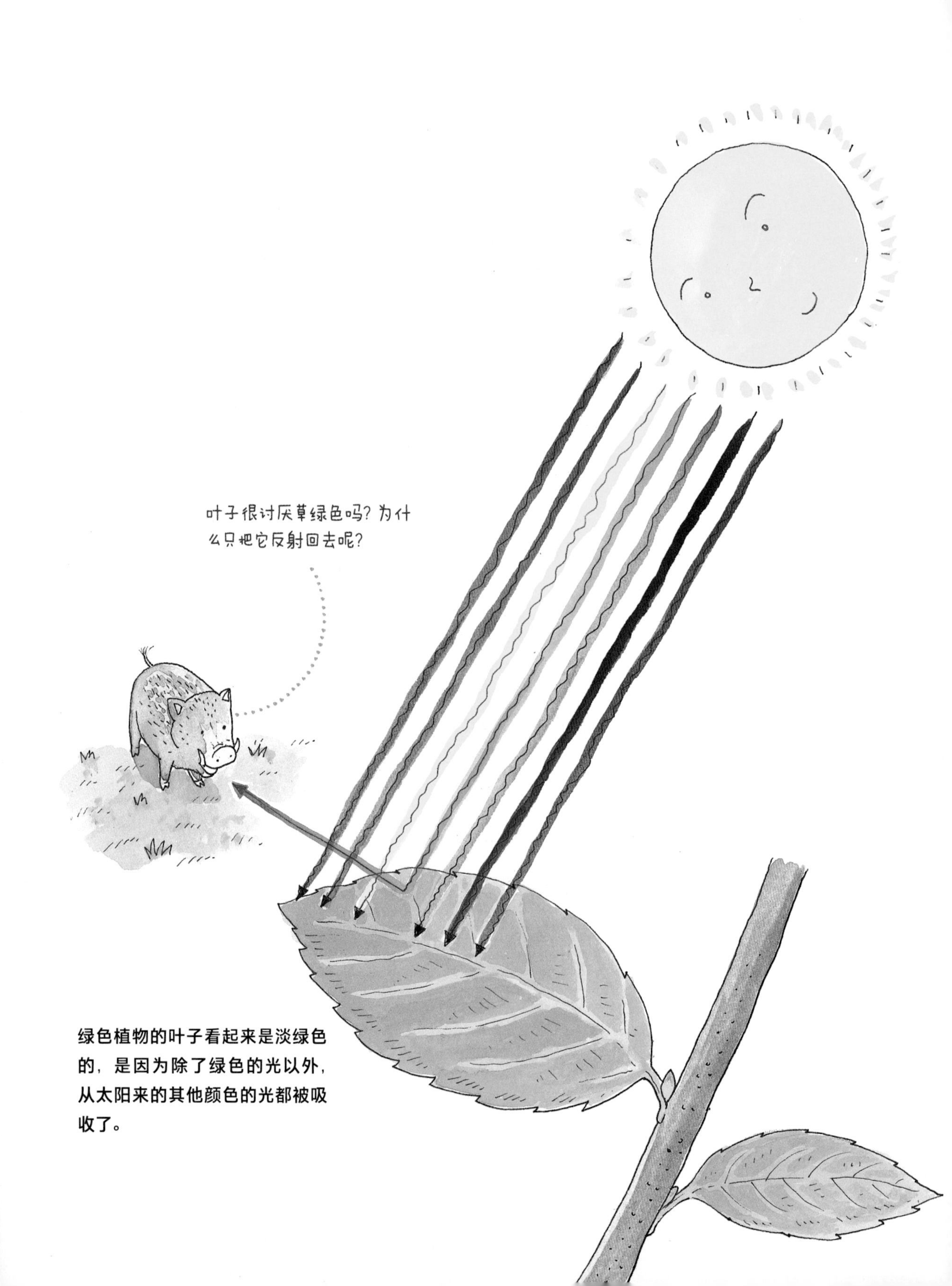

绿色植物的叶子看起来是淡绿色的，是因为除了绿色的光以外，从太阳来的其他颜色的光都被吸收了。

万一绿色植物全都死掉了，不用说人们和动物就再也吃不到富含满满维生素的蔬菜，还会因为没有氧气，无法呼吸而死。植物消失就等于地球上的生命最终会消失。

叶绿体只有吸收了阳光才能被很好地制造出来。如果观察压在石头下面的草，或者被袋子盖住的草，会发现它们不是绿色而是黄澄澄的。但是如果把石头或袋子清理掉的话，它们又都会变成绿色。想一想前面在观察芸豆实验的时候，第一次出来的嫩芽是黄色的，随着时间流逝嫩芽变成了绿色，就能够明白了。

我们吃的豆芽是在培育的时候特意被遮挡住了光的。因为只有这样才能使豆芽更加柔嫩，人们才会觉得豆芽好吃。豆芽如果接受了阳光呈现为绿色，反而会有腥味。

所以让我们来看一个了解光合作用与阳光之间关系的实验吧！

光合作用需要阳光

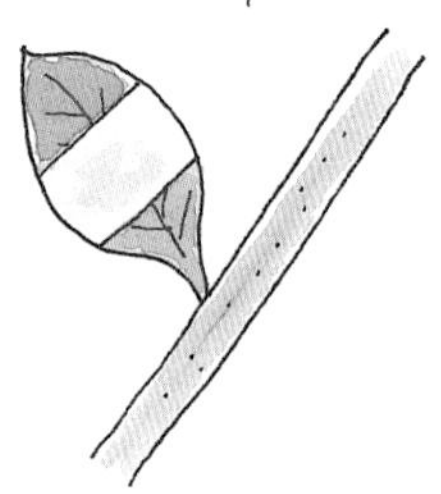

1 把锡箔纸剪下来贴在凤仙花叶子上。因为糊不住，所以一定要用回形针之类的把它夹起来。光是透不过锡箔纸的。

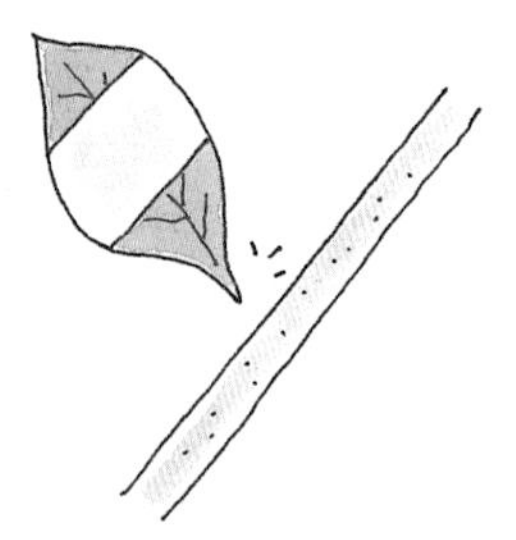

2 晒上一整天，让叶子充分吸收阳光，第二天下午我们把叶子摘下来。

3 脱去锡箔纸，把叶子放入装有酒精的小烧杯中后，把这个烧杯放进里面有水的大烧杯，把水煮沸。这个叫作“加热”，因为把酒精直接放在火上加热会有危险，所以我们间接烧开它。

4 在里面的小烧杯的酒精颜色变为淡绿色即充分烧开后，用镊子把叶子取出来用水冲洗干净再看一看。叶子上的颜色脱落的同时，杯子里的酒精染上了淡绿色。因为叶子里原来有的叶绿素被溶进了酒精里。

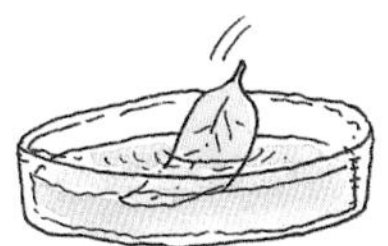

5 把失去绿色的叶子放在盛有稀释过的碘溶液的碟子里。

6 让我们来仔细观察一下，叶子被锡箔纸遮住的地方和正常被阳光照射的地方的颜色出现了怎样的差异。

正常接受光照的地方是紫色的，用锡箔纸遮住的地方是碘溶液的颜色。因为在淀粉里放入碘就会变成紫色。

我们可以知道，接收到光照的地方制造出了淀粉，用锡箔纸遮住而没有接受光照的地方则没有产生淀粉。

像这样将稀释的碘滴进淀粉里，变成紫色的反应叫“显色反应”。在米饭或土豆等碳水化合物上滴碘，也会发生呈现出紫色的显色反应。

现在，大家知道为什么在光合作用中光比什么都重要了吧？

二氧化碳

虽然我们呼吸离不开氧气，但植物喜欢的是二氧化碳。因为只有利用二氧化碳才可以制造出葡萄糖。通常空气中含有0.03%的二氧化碳。浓度如果上升到0.03%以上，呼吸会很困难，对人们来说是不好的。但植物们会很兴奋。因为在一定浓度范围内，二氧化碳的浓度越高，光合作用就越活跃。

光合作用的原料二氧化碳是通过气孔进入植物的。植物用二氧化碳进行光合作用，不仅让自己健康成长而且能给我们提供呼吸的氧气和食物。

进入树林里，比在充满了烟尘的城市里更能感受到呼吸的舒适，这是因为树林里的树木会吐出许多的氧气。

水

我们如果很久不喝水会感觉到口渴。如果持续口渴，我们就会生病甚至失去生命。因为人体的70%是由水构成的。不论什么生物，如果没有水的话都无法存活。

但是植物需要水的原因和动物的有一点不同。水是光合作用中一定需要的要素。这也意味着，植物制造葡萄糖

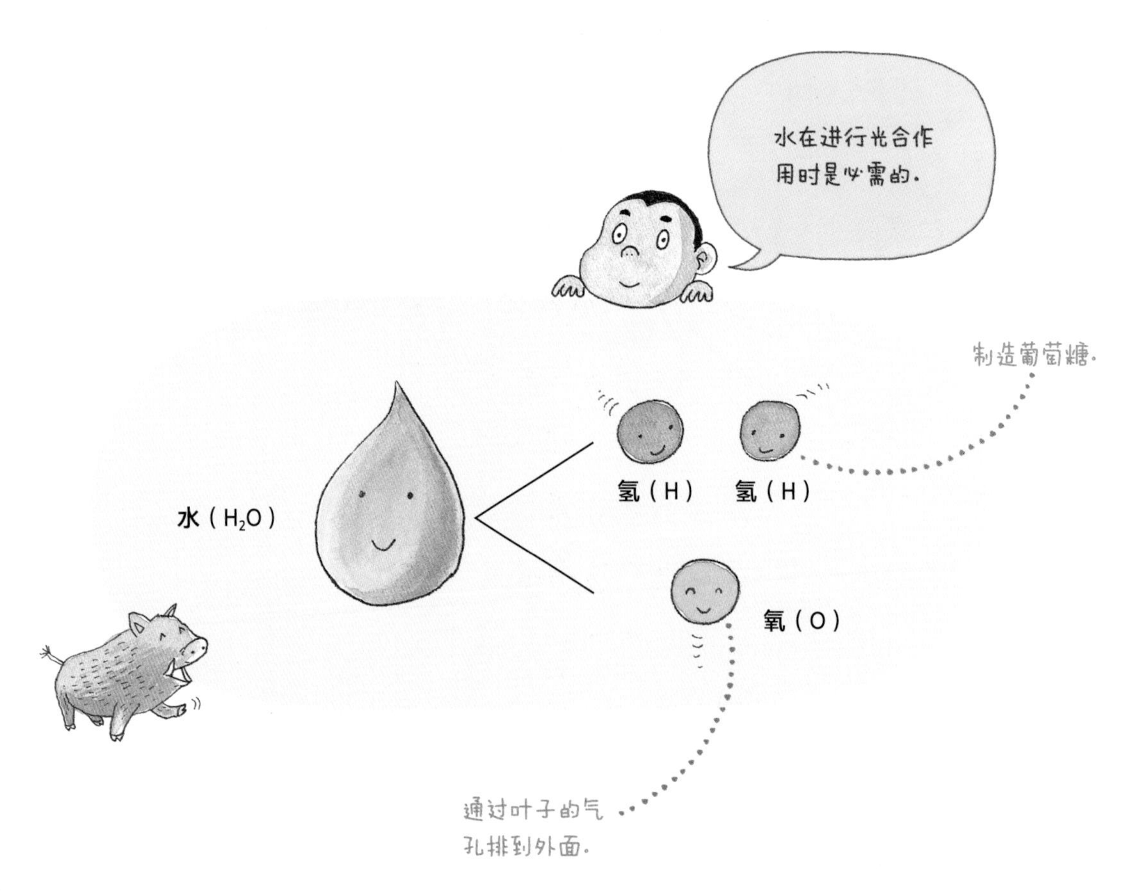

的时候，水是必需的。

把水进行分解，可以生成氢离子和氧气。氢离子在制造葡萄糖的时候要用到，氧气通过叶子的气孔排到外面去。作为光合作用的结果而排出的氧气，是水在光下分解产生的。

温度

要进行光合作用，不仅光线强度要适当，温度也要适宜。植物的叶片如果受到太强的阳光直射，温度就会升高，光合作用就无法进行。比如，和盛夏白天一样热的时候。

阳光太强烈的话，叶绿体就会转换方向以接受更少的阳光。圆盘形状的叶绿体方向转变，接受光照的面积就会减少。因为叶绿体会被强紫外线破坏，所以为了事先阻止这种情况的发生，叶绿体转变了它的位置。

气温下降太多的话，叶绿体也是无法进行光合作用的。冬天气温接近0摄氏度，无法进行光合作用，叶子就会脱落。街上落叶成堆就是这个道理。

蒸腾作用

蒸腾作用是植物从根部吸收的水分通过茎上升，再从叶子排出的过程。

从根部吸收的水分首先通过茎的导管上升。因为导管是非常细的“毛细管”，所以水上去时不会费劲。这种水上升的现象就叫作“毛细现象”。洒到地里的水也会从泥土颗粒的间隙散发上来，所以这也是毛细现象。

在叶子里制造的养分通过筛管运到茎和根。叶脉就是里面有导管和筛管的管。用一句话总结来说，植物的血管就是导管和筛管。把导管和筛管放在一起叫“维管束”。这里的“束”和“花束”的“束”是一样的意思。

从根通过导管上升的水，不是用于植物体各组织就是用于光合作用，其余的则通过叶子的气孔出去了。水从液体转换成水蒸气气体的现象叫作“蒸发”，在植物体内叶子里的水变成蒸汽排出的作用叫“蒸腾”。

那么，让我们来看一下和植物的蒸腾作用相关的一个实验吧。

植物的蒸腾作用是在哪里产生的？

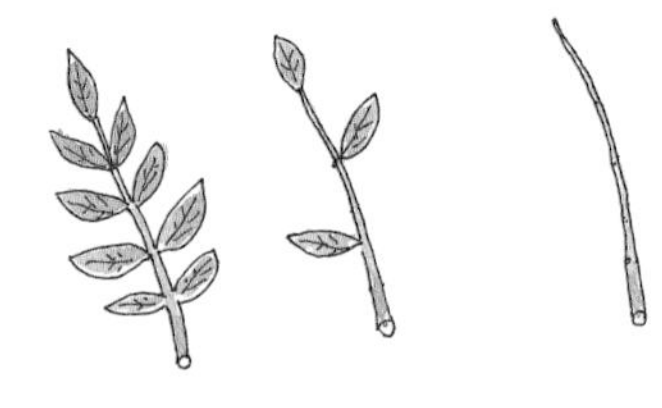

1 把相似大小的三根凤仙花茎剪下，其中的一根茎上的叶子一片都不摘掉，就原样放着；一根留下几片叶子，剩下的都摘掉；还有一根的叶子全部摘掉。

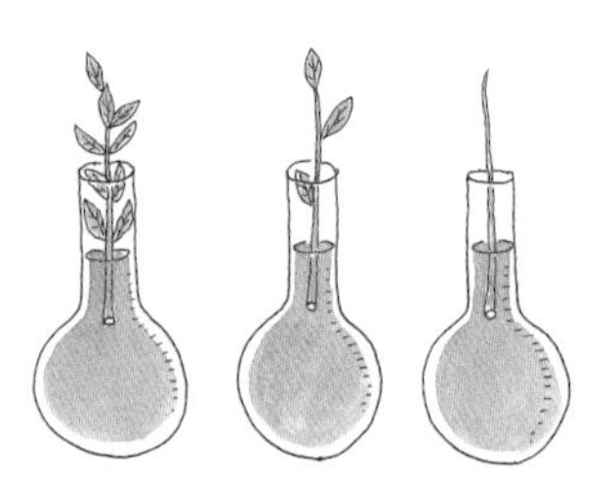

2 在每个长颈烧瓶中倒入等量的水，各插入一根茎。

3 套上透明的塑料袋，让水分不会流失，把下边部分绑好。放在光照好的地方进行观察。

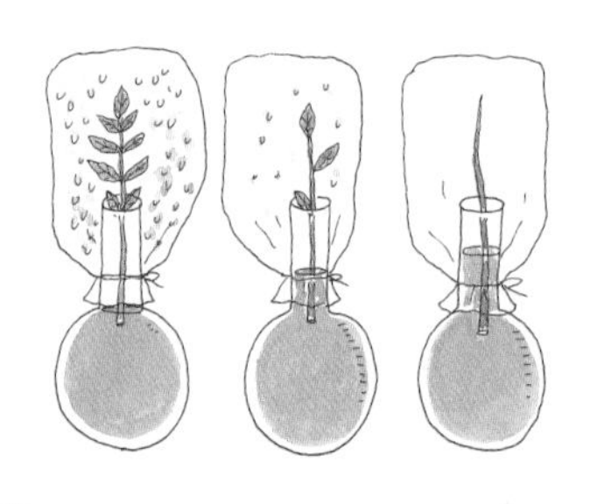

一段时间后，可以看见第一个塑料袋上凝结了许多水珠。中间的塑料袋比起第一个凝结了更少的水珠，第三个塑料袋上几乎看不见凝结的水珠。

实验结果中，哪个塑料袋上凝结了更多的水珠呢？茎上的叶子越多，塑料袋上凝结的水珠就越多，叶子全部摘掉的话，塑料袋上几乎没有凝结水珠。由此可见，叶子越多，水成为水蒸气飞走的就越多。我们可以推测，水是通过茎，再经由叶片排出体外的。

在这次实验中套上塑料袋，可以很仔细地观察到各个长颈烧瓶中的水是怎么变化的。在三个长颈烧瓶中，水减少最多的是第一个。因为叶子很多，水蒸发得很多，所以水减少得最多。可以看见第三个长颈烧瓶中的水几乎没有减少。可见水的蒸腾作用是通过叶子实现的。

我们再来做另一个实验，了解什么会影响蒸腾作用。请仔细看一下下面的实验内容。

通过实验结果我们可以知道，在受到光照或电风扇吹风的长颈烧瓶里，水会减少很多。因此，可以确定蒸腾作用与阳光和水，即与温度和湿度是有关系的。吹风的话湿度就会减少，吸收阳光的话温度就会上升。温度和湿度会影响蒸腾作用。

这样的蒸腾作用，就像是我们家里阳台上晾着的衣服。

1 准备4个长颈烧瓶和4根叶子数量一样的植物茎。

2 在各个长颈烧瓶里倒入水，插入一根植物茎。

3 设置一个有光照，一个无光照，还有一个用电风扇吹风，一个没有电风扇吹风。

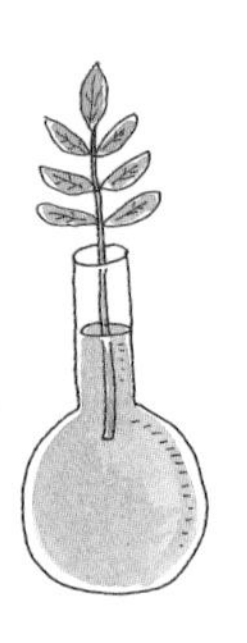
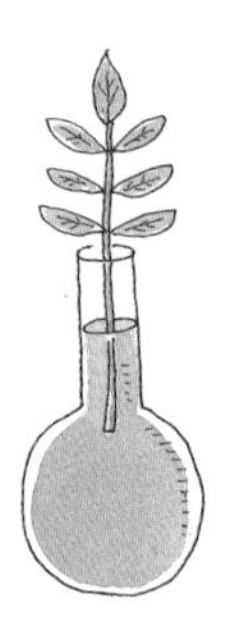
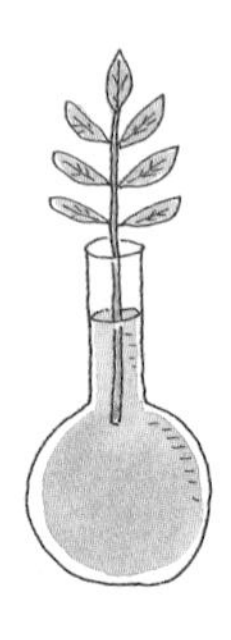

4 一段时间后，对比长颈烧瓶里剩下水的量。

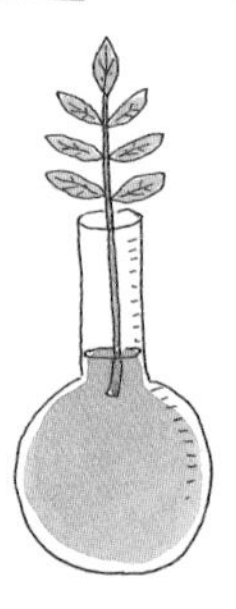

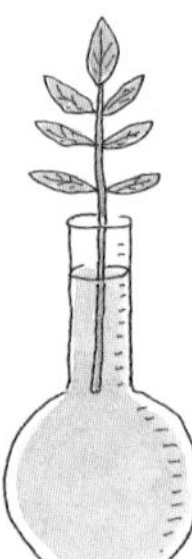

刮风湿度低，光照温度上升的话，蒸发非常活跃，衣服就会干得很快。在不刮风、闷热的梅雨季物品会发霉，衣服也不会干得很快。就好像在温暖的、微风习习的晴朗天气里，衣服会干得很快一样，在这样的天气里，叶子的蒸腾作用也会很好地进行。

叶子上有我们肉眼看不见的小小的孔。这个孔就叫“呼吸孔”，即“气孔”。二氧化碳通过这个气孔进来，排出氧气和水。

气孔是水、氧气与二氧化碳出去、进来的通路。一般植物气孔多数在叶子的背面。但是像睡莲等在水中的植物的气孔，更多的是在叶子正面。水生植物除了叶子外，幼茎或叶子变成的茎里也有气孔。

大部分植物的叶子1平方厘米面积足足有1万到8万个细密的气孔。气孔的大小和形态根据植物的不同而不同。

蒸腾作用通过气孔把水排出的时候，叶子的热气就会减少，这样叶子就可以给自己降温。天气很热的时候，气孔就会大大地张开以持续进行蒸腾作用。如果不这样做，叶子在阳光下会被晒死。

还有，只有植物不停地进行蒸腾作用，根才能持续地好好吸收水分。所以现在知道气孔有多么重要了吧？就像人体一定要有鼻孔和毛孔一样。

但是即使想要观察有些植物叶子的气孔，也无法通过叶子的形态来区分叶子的正面和背面。像仙人掌之类的植物就是这样。因为它们代替叶子长出了和针一样尖尖的刺，所以前后很难区分。在发烫的阳光火辣辣照下来的沙漠里生活的仙人掌，如果有很宽的叶子，会变成什么样子呢？水全部流失的话，植物立刻就会枯死。因此仙人掌把叶子变成刺是很有智慧的。

但是没有叶子如何进行光合作用呢？办法还是有的。有着尖尖的刺的躯干大体上是绿色的。仙人掌会用躯干，也就是茎来制造叶绿体。还有许多的仙人掌有很小的叶子。

仙人掌的气孔有点突出，边缘有许多毛。一般1平方毫米面积大概有200个气孔。还有比它更多的，有的超过1 000个。知道气孔有多小了吧？

观察一下气孔吧

来试着制作叶子的装片并观察气孔吧。装片是用剥下的叶子表皮制作而成的，放在显微镜的载物台上。

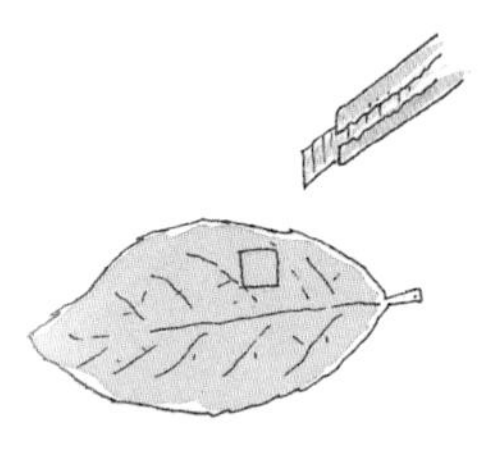

1 先用刀在叶子背面切出长5 mm宽5 mm的薄薄的表皮。

2 把背面切好的表皮的上面部分用小镊子轻轻地夹住剥下来。

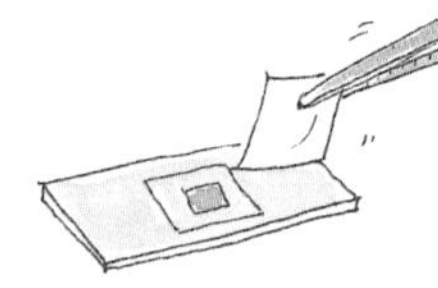

3 把剥下来的表皮放在载玻片上，请用滴管滴一滴水下去。

4 接下来把盖玻片倾斜着缓慢放在载玻片上。

5 用吸水性很好的过滤纸把盖玻片周围的水擦掉。

装片就完成了。把这个放到显微镜下看，就可以很容易观察到叶子的气孔。

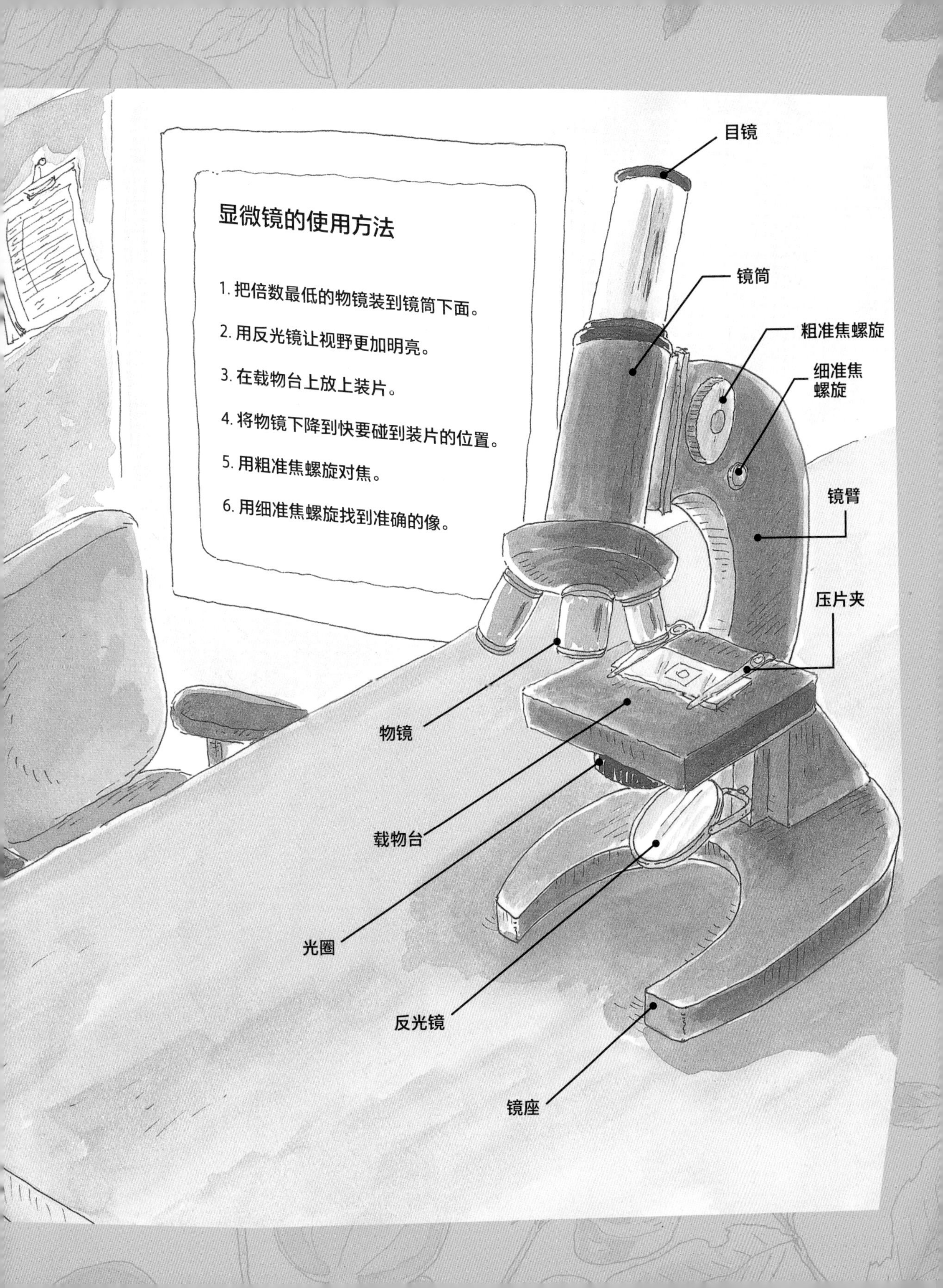
显微镜的使用方法
1. 把倍数最低的物镜装到镜筒下面。
2. 用反光镜让视野更加明亮。
3. 在载物台上放上装片。
4. 将物镜下降到快要碰到装片的位置。
5. 用粗准焦螺旋对焦。
6. 用细准焦螺旋找到准确的像。
目镜
镜筒
粗准焦螺旋
细准焦螺旋
镜臂
压片夹
物镜
载物台
光圈
反光镜
镜座